現代の化学環境学

環境の理解と改善のために

御園生　誠 著

裳華房

Modern Chemical Science and Technology for the Environment
– Its Understanding and Improvement

by

M<small>AKOTO</small> M<small>ISONO</small>

SHOKABO

TOKYO

まえがき

　自然現象や人の営みは、果てしなく大きな空間的な広がりと、太古から未来へ続く悠久の時間の流れの中にある。そこではすべての構成要素がたがいに絡み合って変化しつづけている。そして、その変化は周期的に見えるものもあるが、全体としての変化は方向性があり決して戻ることはない。

　これらのことをよく知らずに環境対策を講じると、思いがけない逆効果や副作用が生じて後悔する。また、定量的な大小関係を知らないと、無駄な努力をする可能性が高い。本書のねらいは、環境の全体像とそこにある定量的関係を正しく把握し、正しい対策をとるために必要な、最小限の基礎知識とデータ、そして基本的な考え方を提供することである。その際、環境問題の多面性、相対性、不確実性を考慮しながら、バランスよく伝えることを心がけた。"絶対に正しい"はないが、"できるだけ正しい"対策が、著者が考える環境学の中心にある。

　周知のように、人類は、近現代に急激な物質文明の発展をとげた。これには科学技術の進歩が大いに貢献した（科学と技術は、本来、目的、方法論が異なるが、両者をあわせて科学技術と称する）。その結果、人類の活動は拡大し、多くの人は格段に良い生活を享受した。しかし、それと同時に、環境を含む多くの重大な社会問題が生起した。

　有限な地球という制約が、人類活動の拡大とともに顕になる中で、人類は、どうすれば持続的な発展を続けることができるのか、そして、そこで科学技術が果たすべき役割は何なのか、が本書に通底する基本テーマである。さらには、科学が進歩した先に人類の幸福が本当にあるのか、が問題だが、本書はそこまでは言及しない。

　第1部「現代の環境問題と化学環境学」で、環境問題の全体を俯瞰し、必要な原則や考え方をまとめた。第2部では、「自然環境の現状と課題」に加えて、生活環境にもふれた。すべての環境問題は生活の問題に通じるからである。第3部では、人類活動の基盤として環境問題に深く関わる「エネルギー資源と材

料資源」を解説した。なお、第2、3部の対象分野には、定量的関係に関する誤解が多い。第4部では、化学技術を中心に「環境の維持・改善のための技術」を紹介した。取りあげた例は少ないが、タイプの異なる例を選んで対策の多様性を理解できるように努めた。また、対策のために社会が負担する能力には限りがあるので、対策を選ぶ際には、コストパフォーマンス（広義）の評価が非常に重要であることを一貫して強調した。

気候変動（地球温暖化）の問題と対策について、第4章と第13章においてやや詳しく取りあげたが、その理由は、社会の関心が高く喫緊の課題になっていることと、本書が重視する「全体像」、「定量関係」、「不確実性」、「コストパフォーマンス」などの問題が浮き彫りになっていることにある。信頼できる事実を提示し、読者の判断に委ねたいと考えた。なお、著者の考えは、「過去の気温変動を考えると、近年の気温上昇の半分程度は自然変動に起因する。したがって、穏当な対策が妥当であり、"角を矯めて牛を殺しかねない"過激な対策は望ましくない」である。

本書は、前著『化学環境学』（裳華房，2007）を全面的に再編・改訂したもので、過去10年の環境の変化、理解の深化を取り込み、データを更新した。なるべく客観的に全体像が把握できるよう書いたつもりであるが、異論もあろう。また、誤解や間違いがあるに違いない。読者諸氏にご指摘いただければ幸いである。なお、第1部冒頭に記したように、「化学環境学」を、環境理解の化学と環境改善の化学技術の意で使っている。この語は、1998年東京工業大学の専攻名として登場したのが最初ではないだろうか。

本書の刊行にあたっては、前著に引き続き、裳華房小島敏照氏の多大なご支援をいただいた。心より謝意を表したい。また、執筆中に多くの先輩や友人から示唆に富んだ指摘や助言をいただいた。いちいちお名前はあげないが、厚くお礼を申し上げる。

2017年7月

御園生　誠

目 次

第 1 部　現代の環境問題と化学環境学

第 1 章　現代の環境問題の特徴

1.1　現代文明と環境 ……………………… 3
　1.1.1　"人間中心主義" ………………… 3
　1.1.2　時間的、空間的立ち位置 ……… 5
　1.1.3　人類の急膨張 …………………… 6
　1.1.4　環境クズネッツ曲線 …………… 8
1.2　現代の環境問題の特徴 …………… 10
　1.2.1　時空領域の拡大 ………………… 10
　1.2.2　因果関係、被害・加害関係の複雑さと不確実さ …………… 11
　1.2.3　トレードオフ関係とケースバイケース問題 ……………… 11
　1.2.4　対策の立案と合意形成の難しさ ………………………… 11
　1.2.5　公害問題と現代の環境問題　12

第 2 章　環境問題の背景

2.1　持続・循環・定常と環境 ………… 13
　2.1.1　持続可能性とは ………………… 13
　2.1.2　循環－自然循環と強制循環　17
　2.1.3　定常型社会 ……………………… 19
2.2　地球システム ……………………… 20
2.3　エネルギー・資源と環境 ………… 21
2.4　経済・人口と環境 ………………… 23
　2.4.1　経　済 …………………………… 23
　2.4.2　人　口 …………………………… 23
　2.4.3　南北問題（North-South Issues） ………………………… 24
2.5　廃棄物と"化学物質" ……………… 25
　2.5.1　廃　棄　物 ……………………… 25
　2.5.2　"化学物質" ……………………… 26

第 3 章　環境問題の考え方

3.1　時間軸と環境問題 ………………… 28
　3.1.1　時間軸その 1（エネルギー戦略） ……………… 29
　3.1.2　時間軸その 2（製造期間と耐用年数） …………… 29
　3.1.3　時間軸その 3（先行投資） …… 31
3.2　リスクは定量的に考える ………… 31
　3.2.1　すべてはグレー ………………… 31
　3.2.2　リスクゼロはない ……………… 31
　3.2.3　安全と安心 ……………………… 32
　3.2.4　ほかのリスクやベネフィットとの比較 …………………… 32
　3.2.5　安全工学 ………………………… 33
3.3　部分と全体の関係を常に考える … 34
　3.3.1　全体に占める割合を考える … 34
　3.3.2　全体を考える－LCA ………… 34

3.4 効率向上か総量削減か……………36
　3.4.1 家庭の消費電力の推移………36
3.4.2 製品評価の悩ましさ…………38
3.5 そのほかの間違えやすい事項……38

第2部　自然環境の現状と課題

第4章　大　気

4.1 大気の構造と運動………………47
　4.1.1 大気の構造…………………47
　4.1.2 対流圏における大気の運動…49
4.2 大気環境の諸問題………………51
　4.2.1 オゾン層破壊………………51
　4.2.2 酸性雨、光化学オキシダント、硫黄酸化物、窒素酸化物…………52
　4.2.3 粒子状物質、微粒子状物質（PM 2.5）、黄砂……………………54
　4.2.4 有害大気汚染物質と揮発性有機化合物………………………55
　4.2.5 自動車排ガス………………55
4.3 気候変動と異常気象……………56
　4.3.1 気候変動……………………56
　4.3.2 異常気象……………………73

第5章　土地・水・生物

5.1 土地とその利用……………………75
　5.1.1 地殻と土壌……………………75
　5.1.2 土地の利用状況………………77
　5.1.3 土地環境の諸課題……………78
5.2 水資源とその利用…………………78
　5.2.1 水資源の現状と水の循環……78
　5.2.2 水の利用状況…………………80
　5.2.3 日本の水資源とその利用……80
　5.2.4 水環境の諸課題………………81
5.3 生物圏………………………………83
　5.3.1 生物圏の構成…………………83
　5.3.2 生物圏と人間…………………84
　5.3.3 生物圏の環境課題……………85

第6章　生活圏とその課題

6.1 生活圏………………………………86
6.2 人口問題……………………………86
　6.2.1 人口の過去と現在……………86
6.2.2 都市化問題……………………88
6.2.3 人口の見通しと諸課題………88

第3部 エネルギー資源と材料資源

第7章 エネルギー資源

7.1 一次エネルギー ……………………… 93
  7.1.1 エネルギーの流れと資源賦存量 ……………………………… 93
  7.1.2 一次エネルギーの基本特性 … 97
  7.1.3 一次エネルギーが備えるべき条件 …………………………… 98
  7.1.4 一次エネルギー構成とその見通し ………………………… 99
7.2 二次エネルギー ……………………… 100
  7.2.1 燃料油 ……………………… 101
  7.2.2 電 力 ……………………… 101
  7.2.3 都市ガス、LP（液化石油）ガス ………………………… 102
  7.2.4 水 素 ……………………… 102
7.3 エネルギーの変換、輸送、貯蔵とシステム ……………………… 103
  7.3.1 エネルギーの利用効率 …… 103
  7.3.2 変換・輸送技術 …………… 105
  7.3.3 貯蔵技術 …………………… 105
  7.3.4 エネルギーシステム ……… 106
7.4 一次エネルギー各論 ……………… 107
  7.4.1 化石エネルギー …………… 107
  7.4.2 再生可能エネルギー ……… 115
  7.4.3 バイオマスエネルギー …… 123
7.5 原子力発電 ……………………… 129
7.6 そのほかの新再生可能エネルギーと未利用エネルギー ……………… 135

第8章 材料資源

8.1 物質フローと材料資源量 ……… 137
8.2 有機系資源（化石系と生物系）… 138
  8.2.1 化石系資源 ………………… 138
  8.2.2 生物（バイオマス）系資源 … 143
8.3 金属系資源 ……………………… 145
  8.3.1 金属の生産量 ……………… 145
  8.3.2 金属の資源量 ……………… 146
  8.3.3 製錬と精錬 ………………… 147
  8.3.4 金属の用途 ………………… 149
  8.3.5 金属系資源の課題と対策 … 150
8.4 無機系資源 ……………………… 150
8.5 希少重要元素 …………………… 152
  8.5.1 資源量と用途 ……………… 152
  8.5.2 希少元素の課題と対策 …… 153

第4部　環境の維持・改善のための技術 ―化学技術を中心に―

第9章　グリーンサステイナブルケミストリー（GSC）

9.1　グリーンサステイナブルケミストリー（GSC）とは ･･････････････ 157
9.2　GSC が必要な理由と三つの目標 ････････････････････････････････ 157
9.3　グリーン度評価 ･･･････････････ 160
9.4　グリーンプロセス ･････････････ 160
　9.4.1　原子効率（原子経済、原子利用率）･････････････････････････ 161
　9.4.2　合成段階のグリーン化 ･･････ 161
　9.4.3　危険な試薬を使わない合成 162
　9.4.4　分離・精製と溶媒問題 ･･････ 162
9.5　グリーン原料、グリーン製品、リサイクル ･････････････････････ 163
9.6　GSC のこれから ･･･････････････ 164
　9.6.1　Less negative から More positive GSC へ ･････････ 164
　9.6.2　プロセスから製品へ、部品からシステムへ ･････････････････ 165
　9.6.3　自然共生型 GSC ･･････････ 166

第10章　化学物質のリスク評価と管理

10.1　化学物質とリスク ･･･････････ 167
10.2　化学物質の危険性・有害性 ････ 168
　10.2.1　物理化学的危険性（化学安全）････････････････････ 168
　10.2.2　人への健康有害性 ･･･････ 169
　10.2.3　環境有害性 ･････････････ 170
10.3　化学物質のリスク評価 ･･･････ 170
　10.3.1　人の健康に対するリスクの評価 ･･････････････････････ 170
　10.3.2　用量（Dose）－反応（Response）曲線と暴露解析 ･････ 171
　10.3.3　健康リスク評価の実施例－ベンゼンの発がんリスク ･･････ 173
10.4　化学物質のリスク管理 ･･･････ 173
10.5　法規制と自主管理 ･･･････････ 174
10.6　化学物質管理の今後のあり方 ･･ 176
　10.6.1　リスク評価 ･････････････ 176
　10.6.2　リスク管理の課題 ･･･････ 177

第11章　廃棄物処理とリサイクルの化学技術

11.1　資源消費と廃棄・再資源化 ･･･ 178
11.2　廃棄物の流れと処理技術 ･････ 179
　11.2.1　廃棄物の内訳 ･･･････････ 179
　11.2.2　廃棄物処理の流れ ･･･････ 180
11.3　再資源化技術 ･･･････････････ 181
　11.3.1　再資源化の現状 ･････････ 181
　11.3.2　再資源化技術（3R）･･････ 182
　11.3.3　プラスチックの再資源化 184
　11.3.4　再資源化技術の評価と課題 ･･････････････････････ 185
11.4　社会経済的対策 ･････････････ 186

第12章　環境触媒

- 12.1　環境触媒の特徴 …………… 188
- 12.2　排煙脱硫と排煙脱硝触媒 …… 189
- 12.3　自動車排ガス浄化触媒 ……… 191
- 12.4　石油脱硫触媒 ………………… 195
- 12.5　そのほかの環境触媒 ………… 196
  - 12.5.1　水処理 …………………… 196
  - 12.5.2　光触媒 …………………… 197
  - 12.5.3　触媒燃焼 ………………… 197
  - 12.5.4　生活関連 ………………… 197
  - 12.5.5　膜分離と化学合成 ……… 198

第13章　地球温暖化対策

- 13.1　パリ協定 ……………………… 199
- 13.2　温暖化防止策の前提 ………… 200
  - 13.2.1　地球温暖化と二酸化炭素排出・エネルギー消費 …………… 200
  - 13.2.2　温室効果ガス排出量の推移 …………………………………… 200
  - 13.2.3　リスク低減とコストのバランス（コストパフォーマンス）…… 202
  - 13.2.4　国際協力の必要性と負担の公平性 ………………………… 202
  - 13.2.5　再考－本当に必要な削減量は？ …………………………… 203
- 13.3　二酸化炭素排出の削減策 …… 204
- 13.4　日本の二酸化炭素排出の削減策 ……………………………… 206
  - 13.4.1　一次エネルギーの低炭素化 ………………………………… 207
  - 13.4.2　エネルギー生産性の向上（省エネ・節エネ）……………… 209
  - 13.4.3　そのほかの省エネ・節エネ ………………………………… 213
  - 13.4.4　日本のエネルギーの将来シナリオ ………………………… 214
  - 13.4.5　適応策 …………………… 217
- 13.5　まとめ－現実的な温暖化防止策 ……………………………… 217

引用・参考文献 …… 221
あとがき …… 225
索引 …… 227

COLUMN

環境保護（Preservation）と環境保全
　（Conservation）……………………… 4
地球・生物・人類の歴史……………………… 7
地球環境問題小史……………………………… 14
"化学物質"とは？……………………………… 27
身の回りのリスク……………………………… 33
ライフサイクルアセスメント（Life
　Cycle Assessment；LCA）………… 42
エルニーニョ／ラニーニャ現象／
　南方振動…………………………………… 50

確認埋蔵量と可採年数………………………… 96
発電の効率……………………………………… 104
固定価格買い取り制度（FIT, Feed-in
　Tariff）……………………………………… 116
原子爆弾と水素爆弾…………………………… 130
福島原発事故…………………………………… 134
貴金属のリサイクル技術……………………… 187
次世代自動車とその二酸化炭素削減効果
　……………………………………………… 211

第1部
現代の環境問題と化学環境学

化学環境学とは

化学環境学とは、環境を化学の視点から解明する科学と、環境を化学技術により改善する技術からなる学術で、豊かな社会の実現とその持続に貢献することを目標とする。環境に関する化学といった色彩の強い**環境化学**と区別するために、化学環境学ということにする。化学は、物質の構造・性質とその変化に関する科学（物質の科学）であり、これらを原子間の結合や分子間の相互作用に着目して論ずる点に特徴がある。環境は、物質の存在状態とその変化によって決まるので、環境は化学にふさわしい対象であるといえよう。

第1部では、化学環境学の視点で、現代の環境問題を俯瞰的に概説するとともに、環境についての考え方を述べる。ただし、環境の科学と技術において、化学が中心だというわけではない。環境問題の対象は広範かつ多面的なので、幅広い学術分野が連携して対処することが不可欠であるし、実際そのように対処されている。本書でもなるべく広い視野から総合的に考えることにしたい。

良い環境とは

環境とは、個人または社会を取り巻く状況の全体である。人間以外を主体の一つと考えることもあるが、ここでは人間を中心に考える。

環境問題は、環境が悪くなることを防ぎたいときや環境をより良い方向に変えたいときに発生する。では、そこで想定される"良い環境"とはいったいどんな状態を指すのだろうか。じつは、環境のあるべき姿に関しては、いろいろな考え方があり、時代とともに変化しながらいまも議論がつづいている。

たとえば、ある個人にとって良い環境が、別の個人にとっては悪い環境だと

いうことは珍しくない。人により自然観も好みも違うからである。ふつうは、個人的なことであれば、個人の判断にまかせ、全体に関わることは、大多数の人が良いと思い、かつ、少数派の人がひどい目にあわないですむように決める。しかし、現実の環境問題になると、利害が鋭く対立することや利害関係が不明確なことも多く、なかなか決められない。そのうえ、良かれと思ってしたことが、回りまわって悪い結果に終わることもある。

　そもそも、人間は環境をよく理解しているわけではない。人間の知識や知恵は、自然現象の複雑さにくらべきわめて限られている（このことを自覚すべき）。このような状況で、より良い選択をするためには、環境に関する理解を深めることが大事で、それが、化学環境学を含む環境学の第一の目的である。

ホメオスタシス

　地球の表面近傍における自然や生物の営みは、太陽から良質のエネルギーを吸収し、低質化したほぼ同量のエネルギーを宇宙へ放出することで成り立っている。そして、それらはほぼ定常的な状態にあるが、徐々に変化する。これは、人や生物が、食糧、水などの摂取によりエネルギーや材料を補給し、汗や便を排出しながら、個体を維持する様子に似ている（**ホメオスタシス**という）。

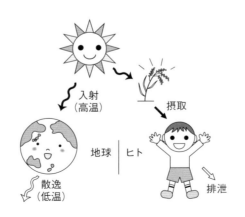

ヒトと地球のホメオスタシス

第1章　現代の環境問題の特徴

1.1　現代文明と環境

1.1.1　"人間中心主義"

　自然の保護に関して、二つの典型的な考え方がある。

　一つは、自然（環境）を最優先に考え、自然をそのままの状態に保存すべきだとする"**自然保護**"の考え方である。自然や生態系にも人間同様に固有の生存権があるのだから、それを尊重し、それを維持・保存することは人間の義務であるとする考えもこのタイプに含まれよう。

　もう一つの考え方は、総合的にみて人類に利益をもたらす範囲でなら自然の改変を許容する、いわば人間中心の考え方である。これは、人間にとっての功利主義的なのかもしれない。

　第二の考え方は、第一の立場から、人間優先の独善的な差別主義だとして批判されることがあるが、それは当たらない。人間は、自分たちが住みやすいように自然を改変しながら文明を築いてきた。そのうえ、自然自体は、人間活動と関係なく"自然に"変化をしていて、長い地球の歴史をみると"自然に"起こる変化のほうがはるかに大きいのである。

　このように、自然を現状のまま維持することは不可能なことだし、それは、人間活動の否定にもなりかねない。つまり、第一の"自然優先主義"はそもそも成り立たない。とはいえ、第二の"人間中心主義"を強調し過ぎて、無制限に自然を改変することは許されることではない。「科学の目的は自然を支配すること」（16〜17世紀、F. ベーコンら）といった近代西欧の思想が、産業革命（18世紀後半）以降の人間活動の急拡大を後押しして、自然を改変し過ぎたた

めに多くの環境問題が起きたのは事実である（コラム「環境保護と環境保全」参照）。

　したがって、"人間中心主義"を基本にしながらも、人間と自然の折り合いを上手につけることが不可欠で、そのための規準をどうするかがポイントである。まず、人間にとっての利益を評価する場合に、目先の一面的な利益ではなく、長期的・総合的な視点が欠かせないであろう。たとえば、自然が人間に与えてくれる心地良さといった心理的効果や、生態の多様性がもたらす環境の安定化効果を忘れてはならない。

　また、開発に際しては、自然との共生を重んじて、自然を大幅に改変することには慎重でありたい。人間が自然の一構成要素に過ぎず、自然の微妙なバランスの中に存在していること、そして人間はその自然を充分には理解していないことを忘れてはならない。人間が、自然と寄り添いつつ折り合いをつけて、自然を開発してきた歴史も忘れてはならないであろう。無分別で無制限な自然の改変は、必ず自然の報復を招く。

COLUMN

環境保護（Preservation）と環境保全（Conservation）

　本文で述べた典型的な二つの考え方を、**環境保護**と**環境保全**とよぶことがある。20世紀初頭、カリフォルニア州ヨセミテ公園内ヘッチヘッチ渓谷（Hetch Hetchy

ヘッチヘッチ渓谷

valley)に水源用と発電用を兼ねた大規模ダムを建設する計画が提案され、賛否の激しい論争が起こった。人間にとって総合的にみて利益になるのであれば開発を容認すべきとするピンショーに代表される環境保全派と、自然の景観を崇敬しそのまま保存すべきとするミューアたちの環境保護派が対立した。それは二代の大統領を巻き込んだ大論争に発展したという。最終的には、ダムは建設され、環境保全の考え方に落ち着いた。

しかし、その後、国立公園法などが整備され環境保護の考えも一定程度活かされている。そして、大規模な開発の際には、今も二つの考えの間の対立・論争が世界各地で起こっている。

1.1.2　時間的、空間的立ち位置

現代の宇宙論によれば、この宇宙は、今から約147億年前のビッグバンにより生まれ、膨張しつづけている。その宇宙にいくつもある銀河系の一つ、天の川銀河に、地球を含む太陽系が約46億年前に誕生した。そして、今から約40億年前、地球上に生物が生まれた(コラム「地球・生物・人類の歴史」参照)。

未来についてはよく分からないが、太陽にも寿命があり、いつかは膨張して赤色巨星となって地球を呑み込むという。しかし、それ以前に太陽の熱で地球上の生命体は生存できなくなるに違いない。それは数十億年先のことだろうと想像されている。以上が時間的にみた人類の立ち位置である。

空間的にみると、天の川銀河の直径が約10万光年、太陽系の直径が約3光年(1光年は約9.5兆km、光速は30万km/秒)、その太陽系の一惑星として、直径1.3万kmの地球が太陽から1.5億kmの位置にある。そして、大多数の人類は、地球表面の約3割を占める陸地に住んでいる。といっても住みやすさの地域間格差は非常に大きい。

われわれの関心は、おもに地表付近であるが、地表の現象も、太陽の放射エネルギー、太陽風、宇宙線など、遠く離れた宇宙からの影響を受けている。しかも、この影響は時間的に変動する。このほかに、過去にあったように、将来、地球がほかの天体と衝突する可能性もある。

1.1.3 人類の急膨張

さて、近現代に注目すると、その特徴は、なんといっても、人間社会の急激な膨張である。**図 1.1** に示すように、人口も一人当たりの活動量（エネルギー消費量）も、19 世紀ごろから急増し始め、20 世紀に入ってその勢いはさらに加速した。世界の人口は、1900 年の約 16 億人から 2000 年の約 61 億人へと 3.8 倍に増え、一人当たりのエネルギー消費量が約 4 倍になったので、エネルギー総消費量は 10 倍以上に増加した。廃棄物の量も当然のように急増した。

この間、人間社会は、豊富なエネルギー・物質・材料、大量かつ高速の輸送・通信・情報技術をベースに目覚ましい経済発展を遂げ、多くの人に住みやすい生活を提供したが、他方で、各種の**環境問題**を引き起こした。経済発展と環境保全の両方を同時に達成したいのだが（次項参照）、じつは、これが簡単なことではない。いったい人類は、この難題を解決して、社会をより豊かにしながら持続できるのだろうか。これが、現代における最大の長期的・継続的課題であり、本書で通奏低音のように繰り返し登場するテーマである。

最近では、国際政治の不安定化と世界経済の混乱のほうが、より緊急で深刻な課題かもしれないが、これは本書の対象外である。

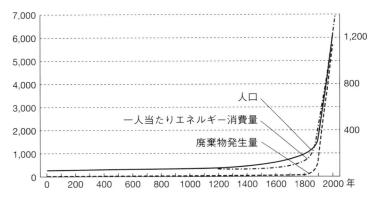

図 1.1 人間活動の急拡大（御園生, 2007）
人口（左軸, 単位 100 万人）、一人当たりエネルギー消費量（右軸, 単位 MJ/人・日。2004 年は約 1,800 MJ/人・日）、廃棄物発生量（左軸, 単位 100 万 t/年）の変化。

COLUMN

地球・生物・人類の歴史

　誕生時の地球は溶融状態であった（約46億年前）。多数の小天体が集合し地球を形成した際の衝突（重力）のエネルギーによる発熱のためである。その後、次第に冷却して地表に岩石が形成され、そこへ蒸発していた水蒸気が雨となって降り注ぎ海が形成された。そして約40億年前の海中に生物が生まれた。隕石の衝突や大陸の激しい移動が起こり、全球の凍結、全海水の蒸発、マントルの噴出などもあり、気候、地形、生態系の大きな変動をたびたび経験した。氷期（氷河期）も数千万年前からあったとされるが、50万年前からは約10万年周期でくり返し訪れている。なお、現代は間氷期（二つの氷期の間）にあるが、氷河が存在するので"氷河時代"に分類される。

　大気組成も激変した。当初は水素、ヘリウム、それから、二酸化炭素、窒素が多かったとされるが、水素、ヘリウムは宇宙へ逸散し、二酸化炭素は、炭酸塩として地表に固定化されるとともに、シアノバクテリア類（藍藻類）の炭酸同化作用により酸素

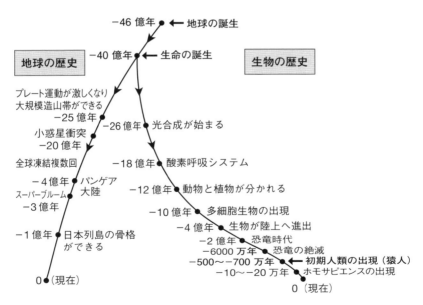

図　地球と生物の歴史（濱田，1999 を改変）
年代には諸説あり。

を発生した。その結果、現在の大気組成に至ったと考えられている。この酸素が、太陽からの紫外線を防ぎ、生物が海中から陸上へ移動することを可能にした。

現存の生物は、類似したDNAを有しているので同じ祖先を持つと推定される。その祖先から、突然変異と生存競争の長い歴史を経て、多くの生物種が生成、消滅を繰り返しながら現代に至った。優勢な生物種の劇的な交代も何度か起こった。約2億年前から約6000万年前まで栄えてついには絶滅した恐竜がその好例である。この恐竜時代には、植物も繁茂して、恐竜たちのえさになり、また、後世に化石資源となって人類に恩恵を与えている。特定の環境にうまく適合して長期間繁栄した生物種は、次に訪れる環境の大きな変化に適応できず滅亡するといわれている。

人類（新人、ホモ・サピエンス）は、約20万年前にアフリカで誕生し世界中に広がったとされる。ある時期に、サル、類人猿、原人、旧人類（ネアンデルタール人など）から分かれて進化したのだが、ある時期、何種類かの人類が共存していたらしい。言語能力、二足歩行、道具の使用、共同作業などが、新人が生き残った理由と考えられている。

1.1.4 環境クズネッツ曲線

図 1.2 に、**環境クズネッツ曲線**を概念的に示した。もともと経済学者のクズネッツ（Kuznets、ノーベル経済学賞受賞者）が、経済の発展と所得格差の関係を論じる際に用いたもので、経済発展にともない、所得格差がいったん拡大してから、その後、縮小する可能性を論じた。この曲線の所得格差を、環境負荷やリスクに置き換えたものが、環境クズネッツ曲線である。縦軸の**環境負荷**には、エネルギー消費量（二酸化炭素排出量にほぼ比例）や有害物質濃度など、いろいろな指標をとることができる。横軸の経済発展の指標には国民総生産をとることが多い。両軸とも、総量をとる場合も一人当たりの量をとる場合もあるが、後者のほうが本質を理解しやすい。

図1.2にあるように、経済発展の初期には、発展とともに環境負荷は増加するが（右上がりの曲線）、その後、各種の法規制、環境の改善技術などの適用により、環境負荷を低減させることが可能である（Uターン。経済発展と環境

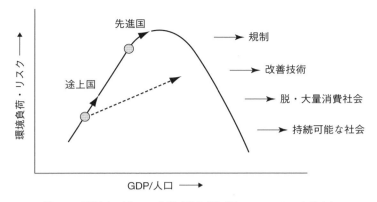

図 1.2 環境クズネッツ曲線（概念的）(Kuznets, 1955 を改変)
破線は期待されるショートカット。

負荷増の分離）、と期待する。たとえば、先進国における大気中の硫黄酸化物や窒素酸化物の濃度は U ターンを実現したが、世界の二酸化炭素の排出量もエネルギー消費量も増加しつづけていて U ターンは実現していない。

二酸化炭素の排出量をみると、先進諸国はクズネッツ曲線の頂上付近にあり、坂を下る方途を探している。他方、発展途上国や新興国は環境クズネッツ曲線をかけ上っている最中である。資本が次々に投下され、環境への配慮が不十分なまま、経済が急速に発展しつつある。その結果、世界全体の二酸化炭素排出量、エネルギー消費量はいまも増えつづけている。このように、多くの環境項目で、途上国は先進国の後を追っていて、このまま先進国と同じ軌道を歩むと、環境負荷が近い将来に地球の許容力を超過してしまう。図に示した破線は期待されるショートカットを示している。

ここで、現実はどうなっているのか確認しておこう。**図 1.3** は、各国の現在の一人当たりのエネルギー供給量を一人当たりの GDP に対してプロットしたものである。**対数目盛**になっていることが重要で、直線目盛ではこの相関は見出せない。図をみると、曲線の左下から頂上付近にかけて各国が分布していて、頭打ちの傾向はありそうだが、U ターン（曲線の右半分）は見えてこない。しかし、いくつかの先進国について、30 年前のデータと比較すると、頭打ち

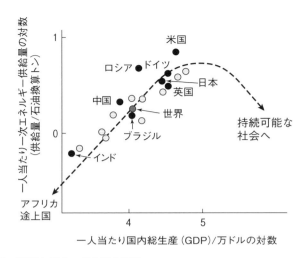

図 1.3 環境クズネッツ曲線の実際
　各国の一人当たりのエネルギー供給量と一人当たり国内総生産（2015）。二酸化炭素排出量を縦軸にとってもほぼ同じ傾向（御園生，2015 をもとに改変）。

ないし漸減の兆候が明らかにみられる（最近、一部の新興国にも兆候があり、今後が注目される）。エネルギーの効率向上と低炭素化、省エネやそのほかの環境改善が徐々に進みつつあることと、世界経済が停滞していることが原因であろう。これらについては第 13 章で改めて検討する。

1.2　現代の環境問題の特徴

　われわれが直面している環境問題は、過去の公害問題と共通する面もあるが、非常に異なる特徴も有している。おもな特徴を以下にあげる。

1.2.1　時空領域の拡大

　環境問題の原因や被害の範囲が、時間的にも空間的にも、かつてないほどに拡大した。たとえば、硫黄酸化物や煤など大気汚染物質の越境がある。また、地球の気温上昇の主要な原因とされる二酸化炭素の排出源と被害は、全世界に

わたっていて、その影響が、現代だけでなく未来の人類へ及ぶ。

1.2.2　因果関係、被害・加害関係の複雑さと不確実さ

かつて頻発したローカルな公害問題でも、原因の究明は簡単ではなかったが、現代の環境問題においてはさらに難しい。その理由に、上述の時空領域の拡大に加えて、加害者と被害者の特定が難しいことがある。たとえば、自動車排ガスでは、多くの人や企業などが、被害者であると同時に加害者でもある。

1.2.3　トレードオフ関係とケースバイケース問題

トレードオフ（相反）関係とは、「あちらを立てればこちらが立たない」という関係である。現代社会では、人間の行動も自然の活動も相互に絡まっていて、目先の利益を求めて拙速に行動を起こすと、必ずといっていいほど想定外の副作用が起こる。たとえば、DDT（殺虫剤。有機塩素化合物の一つ）の有害性を懸念して使用を中止したところ、いったん収束したマラリア媒介蚊が再び増えて、200万人を超えるマラリア患者が発生したスリランカの例が知られている。

ケースバイケース問題とは、上述のDDTのように、ある特定の環境問題で成立した対策が、別個の類似した環境問題にそのまま適用できるとは限らないことである。上の例は地域による違いである。いまでは、DDTは地域の事情を考慮して条件付きで使用が許されている。

1.2.4　対策の立案と合意形成の難しさ

因果関係や利害関係が複雑なため、問題解決のための対策を見出すことも、対策を関係者に納得して貰うことも大変難しい（社会的合意形成の難しさ）。河川流域の場合、上流域と下流域では、ダム建設などに際し、電力供給、灌漑、治水、都市開発に関する利害がしばしば対立する。多目的ダムの場合は多目的間の調整（貯水と放水）という難しい課題をはじめから内包している。さらに、何を良い環境と考えるかという根本的な問題について個人差があることが事態をいっそう複雑にする。

1.2.5 公害問題と現代の環境問題

かつての公害問題のおもな例を**表 1.1** にあげる。これらにくらべ、現代の環境問題である資源供給、地球温暖化などにはいくつかの際立った特徴がある。**表 1.2** には現代の環境問題とかつての公害問題を比較して示した。なお、深刻な公害問題は、発展途上国・新興国の鉱山、工業地帯や大都市を中心に、いまも多数存在する。

表 1.1　日本における主な公害問題の歴史

古代　奈良大仏建立時の水銀・金アマルガムを用いた鍍金（めっき）作業により水銀被害が出たといわれる。
江戸時代　各地の鉱山における公害（労働者の健康被害、周辺の農業・健康被害
明治−昭和初期　栃木県足尾銅山；銅、鉄の鉱毒、硫黄酸化物の煙害による水田・森林・漁業被害、愛媛県別子銅山；銅精錬からの硫黄酸化物による被害、
　富山県イタイイタイ病；亜鉛鉱山からのカドミウムによる農業・健康被害
1950 年代−　水俣病（熊本県）；化学工場からのメチル水銀による健康被害、漁業被害
1960 年代−　四大公害訴訟；富山イタイイタイ病（1968 年訴訟）、熊本水俣病（1956 年確認）、新潟水俣病（1967 年訴訟）、四日市ぜんそく（SO_x、NO_x、1967 年訴訟）。
　その後、アスベスト、カネミ油症、光化学スモッグ、"環境ホルモン"、ダイオキシンなど（後の 2 件は実害の確認なし）

世界では、金銀鉱山（中南米、水銀アマルガムによる抽出プロセス、16 世紀以降）、スモッグ（ロンドン、19 世紀末から）、光化学スモッグ（ロンドン、ロスアンジェルス、1950 年頃から。東京は 1970 年頃から）、有機塩素化合物（第 2 次大戦後の 1950 年頃から）、酸性雨（ヨーロッパ、1950 年頃から）などがある。

表 1.2　現代の環境問題と公害問題の対比

	公害問題	現代の環境問題
時間・空間領域	多くは限定的	広域（地球規模も）、長期
因果関係	簡単ではないが解明できる	解明が格段に困難
不確実性	より低い	より高い
被害者と加害者	通常、限定的、かつ両者は別人	不特定多数で、時には両者が共通
利害関係	多くの場合、明白	複雑で不明確
トレードオフ関係	比較的少ない	多い
対策の合意形成	難しい	非常に難しい

第 2 章　環境問題の背景

2.1　持続・循環・定常と環境

2.1.1　持続可能性とは

　ここでいう**持続可能性**（Sustainability）とは、人間社会とそれを取り巻く環境が長期間にわたって持続する可能性のことである。といっても、未来永劫に続くことを求めるわけではない。また、万物は変化するので（生々流転）、持続とは「不変」を意味するのではない。宇宙も地球も過去に大きな変化をしたし、将来も変化する。したがって、持続性とは、人類が、地球規模のさまざまな制約が顕になる中で、現状をいかに保ち続けられるか、そして次世代以降に向けていかに改善していけるかのことであろう。

　ただし、改善といっても今の延長線上にあるとは限らない。未来型技術のどれかが実現して状況が飛躍的に改善するかもしれないが、その一方で、生存するだけで満足しなければならない厳しい状況になる可能性もある。なお、どのくらい先までを考えておけばよいかであるが、本書ではとりあえず最長で数百年先を考えることにする。

　地球規模の持続性が大きな関心事となったのは、1970 年前後からであり、1972 年に二つの重要な報告があった。一つは、ローマクラブの未来シナリオ**「成長の限界」**（The Limits to Growth）、もう一つは、世界人間環境会議の宣言である。後者は、1987 年のブルントラント委員会**「われらが共有の未来」**（Our Common Future）、さらに、1992 年の地球サミットにつながっている（コラム「地球環境問題小史」参照）。

COLUMN

地球環境問題小史

 国境を越えた環境問題には、早い時期から酸性雨などの大気汚染や国際水域の水質汚染があったが、地球規模の環境問題（地球環境問題）の重要性が広く認識され、国際的な議論が活発になったのは、1970年頃からである。

 1972年にストックホルムで開催された国連人間環境会議では、地球全体の自然、生態、資源の管理・保護のため、**国連環境計画**（UNEP）が創設された。その後、国際的な会議が頻繁に開かれた。国連のブルントラント委員会の報告は（1987年）、これらの議論を集約して、持続的な発展（開発）を定義し（本文参照）、環境保全と経済成長の両立および世代間調整の重要性を指摘した。

国際連合のマーク

 同じ1972年には、ローマクラブが専門家に依頼した未来シミュレーション「成長の限界」が、現代文明の破綻を予測して大きな話題となった（本文図2.1）。その後、複数の修正版も出されたが、当初予測された破綻の時期はすでに過ぎている。

 実効的な地球規模の取り決めは**フロン問題**が最初であろう。1984年に初めて観測された**オゾンホール**の原因が、広く使われていたフロンであることが明らかになって大きな問題となった。その後、国際的な規制が段階的に強化され、問題は解決に向かっている（第4章）。

 20世紀末からは、気候変動（地球温暖化）が最大の関心事となる。地球温暖化問題は、1988年米国ゴッダード研究所の気象学者ハンセンが、米国議会で行った有名な証言に始まるとされる。米本昌平氏は、この証言を(1)その年の気温は観測史上最高、(2)温暖化は温室効果が原因、(3)温室効果は夏の熱波を起こすのに十分な大きさ、と要約している。証言は科学的というよりやや扇動的な側面があったため、他の科学者から厳しい批判を受けた。しかし、その年の大干ばつと相まって、議員、マスメディア、一般市民の間で大きな反響を呼び（実は、干ばつはエルニーニョ現象が原因だった）、地球温暖化論争が資源・エネルギー問題とも絡んで全世界でまき起こった。

 科学的な研究成果が国際政治を動かすまでに至ったのは未曽有のことである。ま

た,「科学の目的が,単に自然を理解するだけでなく,社会の中にあって社会に貢献することが必要(世界科学会議声明)」なことを示す具体例になったことも注目される。国連総会の決議に基づき,1992年6月リオデジャネイロで開かれた大規模な"**地球サミット**"は,地球環境に関する各種活動の集大成であった。多くの国の首脳を含む政府代表,NGO代表が集まり,**リオ宣言,気候変動枠組み条約**(註1),**アジェンダ21**(註2)などを採択した。**気候変動に関する政府間パネル(IPCC)**(註3)が創設され,科学的根拠,影響評価,適応策の3つの作業部会それぞれから定期的に報告書が出された。2014年には数千ページに及ぶ第5次報告書が出され,翌2015年末のCOP21 **パリ協定**に至った。しかし,いまだに定量的な原因解明,予測そして対策については不明確な点が少なくない。気候変動の本質と対策のあり方については第4章3節と第13章に詳述する。

註1)**気候変動枠組み条約**(地球温暖化防止条約)は,地球サミットで150余の国が署名した気候変動の防止に関する条約。第3回の条約締約国会議(COP3)が1997年に京都で開催され,各国が削減すべき温室効果ガス量が決められた(**京都議定書**)。主要先進国が批准したが,アメリカ,カナダは批准せず,途上国,新興国は最初から削減の対象とならなかった。そのため,世界の二酸化炭素排出量の一部しか対象になっていない。新興国の発展により,その割合はさらに小さくなり,2010年の段階で,条約の対象は全排出量の22%のみとなった。

註2)**アジェンダ21**は,21世紀に向けて持続的な開発を実現するために,各国,関係国際機関が実行すべき行動計画とされ,その中に貧困,消費,人口,健康,資源,生物多様性,水,有害化学物質,廃棄物,放射性廃棄物などの項目が盛り込まれた。持続可能な発展に向けては,その後,多くの国際会議が開かれ,最近では,2015年に「持続可能な開発のための2030アジェンダ」(SDGs;Sustainable Development Goals)が国連で採択された。

註3)**気候変動に関する政府間パネル**(Intergovernmental Panel on Climate Changes,IPCC)は,存在する科学的知見をまとめた報告書を定期的に出している。政策や対応策については提言しない建前だが,現実には,各国の政策に与える影響は大きい,と同時に,各国から政治的な圧力も受けている。

「成長の限界」では,世界の経済成長が,当時の勢いで進行すると,**図2.1**に示すように,近い将来に,資源や食糧の供給が需要に追いつかなくなり,また,環境汚染がさらに進行し,ついには,人口の減少,工業生産の縮小が起こることを予測した(いわば現代文明の破綻)。これは,当時の楽観的な経済成

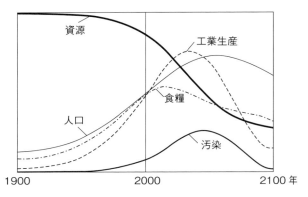

図 2.1 成長の限界（メドウズ（Meadows）ら，1992 より改変）
修正版の一つ。資源量 2 倍増、環境技術導入を仮定。オリジナル版（1972）
では変化が急激。たとえば、資源は 2050 年で約 1/10。

長論に対する強烈な警鐘であった。

　ブルントラント委員会は、**持続的開発**（Sustainable Development）を、「将来の世代の欲求を損なわず、現在の世代の要求を満たす開発（発展）」と定義し、経済成長と環境保全の両立、世代間の調和を図りつつ開発（発展）を進めるべきとした。

　よく引用される持続可能性の原則に、エコノミストのデイリー（H. Daley）が提案した次の 3 か条がある。

　(1) 再生可能な資源（食糧、水など）の利用速度は、再生速度を超えない。
　(2) 再生不可能な資源（化石燃料、鉱物資源など）の利用速度は、持続可能な資源で代替しうる範囲以内とする。
　(3) 汚染物質の排出速度は、自然の浄化速度を超えない。

　しかし、これらは、持続のための十分条件かもしれないが、必要条件とするのはあまりに非現実的である。なぜなら、現代文明は、すでに膨大な量の再生不可能な資源（食糧、水以外のほぼすべての資源）を利用していて、その量は再生可能量や代替可能量をはるかに超えている。その結果、人間社会は定常状態にあるのではなく、ある方向に向け変化しつづけている。他方、多くの汚染物質は、すでに自然の浄化速度をはるかに超える速度で科学技術により浄化さ

れている。したがって、この原則は、来世紀へ向けた人類の指針の一つとして参考にする程度のものであろう。

持続可能性を考えるうえでは、熱力学（エネルギーの出入りや変換に関する学問）における**エントロピー**の概念が参考になる。考えている対象（系）が、その外部（外界）との間でエネルギーや物質の出入りがない場合を孤立系というが、熱力学第2法則によれば、孤立系は放っておくと次第に秩序を失っていく（言い換えると、系の乱雑度を表す関数「エントロピー」が増大していく）。そして、外部から仕事などエネルギーの流入があって初めて、秩序を増すこと（エントロピーの減少）が可能になる。

このことを、住んでいる部屋を例に考えてみよう。部屋は、放っておくと、次第に書類や家具が散らかって乱雑になる（エントロピーの増大）。しかし、掃除や整理をすることで（外部から仕事をする）、部屋の秩序が保たれる（エントロピーの減少）。孤立系のエントロピーの挙動はこれに似ている。地球（地表）という系も、地球外からの太陽光の流入、地球からの赤外線の放出がなければ、ほぼ孤立した系なので、放っておくと、次第に乱雑になる。しかし、実際には太陽から流入する膨大なエネルギーがあるので、自然・生態系の秩序をある程度維持しつづけることができるのである。劣化してエントロピーが大きくなったエネルギーを宇宙へ放出して、地表で発生するエントロピーを宇宙へ逃がしているということもできる。

なお、ある物質が、低濃度で広く分布している状態はエントロピーが大きく、高濃度、高純度の状態はエントロピーが小さい。エントロピーの大きい混合状態から各成分を分離精製してエントロピーが小さい状態にするには、膨大なエネルギーを要する。そのために現実的に必要なエネルギー量は、熱力学的に求められる理論的な必要エネルギーよりはるかに大きい。

2.1.2　循環－自然循環と強制循環

（1）自然循環

自然界では、「**持続**」と「**循環**」は密接に関連していて、大気や水は地球規模

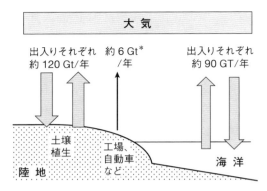

図 2.2 地球上の炭素の循環（4IPCC 報告（NASA, 2001）から作図）
＊2013 年は約 9 Gt（全循環量のごく一部）.

で循環しながら持続する。たとえば、水は、太陽エネルギーにより地上から水蒸気となって蒸発し、雨や雪となってふたたび地上に戻る。また、炭素、窒素、酸素などの元素は、姿や形を変えながら（人の体の一部になったり、海や陸の成分であったりする）、さまざまな周期で地球上を循環しつづけているが、それぞれの量は変わらない。**図 2.2** に炭素循環の例を示す。

　生物は、個体を再生（循環）しながら種(しゅ)を保存し持続する。その際、光合成をはじめとして**太陽エネルギー**から多大な恩恵を受けている。草木は四季に合わせて循環するものが多いが、屋久杉のように数千年を超すものもある。動物の一生も、カメからカゲロウまで長短はさまざまである。

　これら自然界の循環は、いずれも太陽エネルギーにより駆動される自然循環であることが特徴である。そして、各種の循環は、相互に依存しながら徐々に変化している。古くからある輪廻思想も自然の循環と深い関わりがある。

（2）強制循環

　使用ずみの物質や材料を再利用（**リサイクル**）することを循環とよび、全消費量に対する全循環量の割合が大きい社会を循環型社会というが、「**持続可能社会**」と「**循環型社会**」との関係は、自然界の「持続」「循環」とは全く異なる。

　この物質・材料の循環は、大なり小なりエネルギーと資源の追加投入を必要とし、人力も要る（太陽エネルギーに代わり）。いってみれば、自然循環では

なく強制循環である。そのうえ、人類が消費するエネルギーの大部分は、当分の間、再生不可能な（非循環性の）化石エネルギーに頼らざるをえないので、リサイクルに要するエネルギー・資源が多いと、"再生可能な"リサイクルではなくなる（第11章）。

2.1.3 定常型社会

　定常状態とは、静止状態のことではなく、考えている系（システム）へ入る物質やエネルギーの量が、系から出ていく物質やエネルギーの量に等しいため、系に存在するそれらの量が変わらない状態である。たとえば、水槽へ給水口から流入する水量と水槽の排出口から流出する水量が等しく、水槽の水位が時間的に変わらない状態に相当する。

　ここでいう**定常型社会**は、これとは少し意味が違って、経済成長がゼロの社会のことである。経済のゼロ成長とは、**国民総生産**（GDP = 付加価値の総計で総所得に等しい）が増えないことで、資源、エネルギーの消費速度も、廃棄物、二酸化炭素の排出速度も変化しない社会経済を意味する。したがって、供給・消費が廃棄とバランスしながら増える状態（経済成長）のことではない。

　定常型社会は、市場経済の急速な拡大に危機感を持った人たちにより、物質的な富の拡大に代わる新しい価値を模索した結果として提案された概念である。地球全体が定常状態なのではなく、人間社会だけを切り離せばほぼ定常状態とみなせるということで名づけられたのであろう。

　そのひとつに、広井良典氏による定常型社会の提案がある。広井氏は、幸福の定義や時間の観念を見直したうえで、最終段階として、変化が遅く自然に価値をおく"村"的な「新しい社会」を構想した。そこに至る具体的な道筋は明確ではないが、経済の急成長に警鐘を鳴らし、経済成長の遅い穏やかな社会を提案したので多くの共感を集めた。

　この考えは、武者小路実篤が提案した「新しき村」や、アメリカのアーミッシュ（近代技術を否定し中世の農村社会をまもる生活共同体）を想起させるが、経済成長なしの定常型社会で資本主義経済が成立するのだろうかという基本的

な疑念が払しょくできない。過去の歴史を見るとこれは相当難しいことのように思える。とはいえ、現実に経済成長が鈍化し定常型社会に接近している。将来の飛躍はあるかもしれないが、定常に近い社会のあり方は重要な論点である。

2.2 地球システム

地球システムは、時空の広がりと階層的な構造、そして動的な性質により特徴づけられる。関わる空間は、150億光年離れた天体の観測からナノメートル以下の材料加工にわたり、時間に関しても100億光年以上からピコ秒以下の現象が含まれる。このシステムには、大気、水、土の自然系、生態系、人間社会系のサブシステムがあり、それぞれが多数の構成要素からなる。そして、これらのサブシステム、構成要素が、相互に、また宇宙との間で、物質、エネルギー、情報をやり取りして、ほぼバランスを保ちながら（**動的な準平衡状態**）、時間的に徐々に変化している。

ここで太陽から地球へもたらされるエネルギーの流れを見ておこう。概略を

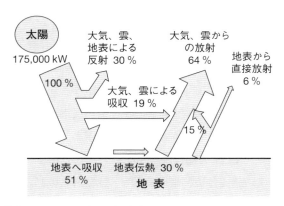

図 2.3 地球システムのエネルギー収支
　　数値は報告により違いがある。図に示したほか、大気の運動、水の蒸発などによる熱移動と地表からの放射エネルギーがある。放射エネルギーは、一部は大気（温室効果ガス）が吸収し地表に再放射される。図にはその差分のみ示されている。

図 2.3 に示す。到達したエネルギー（約 175,000 TW）の約 30 % は反射され、残りの 70 % が地表へ到達して、地表を暖め、風、雨を起こし、生物の生育を促す。つまり、太陽エネルギーが地表におけるほぼすべての営みの原動力となっている。最終的に、到達した太陽エネルギー（紫外線が主）とほぼ同じ量のエネルギーが、おもに赤外線として地表から宇宙へと戻って、エネルギーの収支はおおむねバランスする。19 世紀後半から現在まで、気温は変動しながらも全体として若干上昇しつつあるが、これは、おそらく、入射するエネルギーのほうがわずかに上回るからである。詳しくは第 4 章 3 節で述べる。

他方、物質に関しては、宇宙との間でごくわずかの出入りしかない。

人類が直接消費するエネルギーは大量とはいえ、地球に入射する太陽エネルギーの約 1 万分の 1（約 17 TW）で、地球温暖化に及ぼす影響は、二酸化炭素などの温室効果（放射強制力；3 W/m^2、5IPCC）よりほぼ二桁小さい。

2.3　エネルギー・資源と環境

エネルギー・資源は、人間活動の最も重要な基盤であり、大量に消費されていて、人間活動にともなって引き起こされる多くの環境問題の根源には、エネルギー、資源の問題がある。これらが、第 3 部の主要なテーマである。この節では、その現状と課題のエッセンスを確認しておきたい。なお、ここでいう資源とは、エネルギー資源ではなく、第 3 部第 8 章で扱う材料や食糧となる材料資源のことを指す。

世界のエネルギー消費量（≒ 供給量）は大量であり、**図 2.4** に示すように今も着実に増加している（図 1.1 も参照）。IEA（国際エネルギー機関）の統計によれば、2013 年に世界で約 135 億トン（石油換算、TOE）のエネルギーを消費し、その 81.5 % は**化石エネルギー**である。これにつづくのが、薪、動物フンなど昔からある**バイオマス燃料**（CRW、Combustible Renewables and Wastes, 第 7 章 1 節）で全体の 10 % ほどある。これらを合わせると全体の 9 割を超える。これらの燃焼は、必然的に二酸化炭素を排出するので、二酸化炭

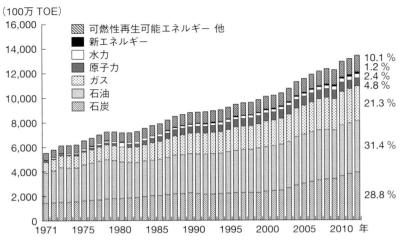

図 2.4 エネルギー供給量とその構成の推移（エネルギー白書，2016）
可燃性再生可能エネルギーとは CRW、新エネルギーとは新再生可能エネルギーなど。

素排出量はおおむねエネルギー消費量に比例することになる。ただし、CRW の大部分は**カーボンニュートラル**（第 7 章 4 節）とみなすことができる。

なお、エネルギー問題と地球温暖化問題は、密接に関係しているが、別の問題である。

最大の一次エネルギー源である石油は、世界全体ではいまも需給が増えつづけている。それでも石油資源量が今世紀中に枯渇することはないと推定される。石炭、天然ガス需給の増加速度は石油以上で、その埋蔵量も多い。世界の原子力発電も、今後、ある程度のブレーキはかかるとしても増加するものと見込まれている。他方、太陽光、風力、地熱などの新しいエネルギーは急速に増加しているが、まだ全体の 1～2% にとどまる。

各種製品の原料となる資源の供給は、全体としてみると漸増傾向にある。国際政治経済や天候、自然災害の影響を受けて需給が不安定になることはあるが、おおむねバランスしている。需給のいっそうの安定化には、原料の多様化、省資源化、代替原料の利用、リサイクルの普及が効果的である。食糧、水の供

給も、総量としてはおおむねバランスした状態で安定しているが、地域的に偏在し、食糧、水の不足する地域が相当数存在する。また、自然災害や国際政治経済などがこれらの需給にも大きく影響する。

2.4 経済・人口と環境

2.4.1 経済

経済と**環境**は、二つの意味で密接に関係している。まず、環境問題の主要な原因は経済活動にある。資源不足、環境汚染、ごみ問題などいずれをとっても、人類の経済的活動の急激な増大にともなって噴出したものである。もう一つの重要な関係は、環境改善に**コスト**（経済的負担）がかかることである。コストがあまりに高い対策は、社会が負担しきれないので採用できない。社会がどの程度のコスト負担をすべきかについては議論があるが、少なくともコストに対する環境改善効果（**コストパフォーマンス**）を考慮して対策の優先順位を決めることが必要である。

2.4.2 人口

過去における**人口**の増加速度は一様ではなく、氷期終了後の温暖化や、農業・産業技術（生産力）の革新後に急増した。とくに産業革命以降、人口は急増しつつある。医療・衛生技術の進歩・普及で寿命が延びたことも、人口増加の一因となっている。

じつは、人口と環境は密接な関係にあり、人口の増加が、資源不足、環境汚染など多くの環境問題を引き起こす。そして、この人口増加は経済成長と密接に関わっている。産業、経済などの進展による生活環境の改善が、扶養可能な人口を増やし、労働力（人口）は経済成長の要件の一つなので、その増加が経済成長を促し、その結果、人口増はさらに加速する。

人口と食糧の関係に関してはマルサス以来、多くの議論がある。**マルサスの人口論**は、要約すれば、食糧生産（農地面積）の増加速度にくらべ人口の増加

が速すぎて、遠からず飢餓に至るとの論である。しかし、第2次大戦後の半世紀をみると、農地は1割程度しか増加していないが、食糧生産量の増加が人口の急増（2倍以上）を上回り、一人当たりの食糧は増えた。つまり、マルサスの予測のようにはなっていない。これは、農業技術の進歩を柱とする生産性の向上によるものである。

21世紀の世界人口は、国連の中位予測では、100億人程度になってその後は飽和するとされるが、それでも今から5割くらい増加する。それに応じて、エネルギー、食糧などの供給対策が必要である。これらについては、第2，3部の各章に分散して説明した。

2.4.3　南北問題（North-South Issues）

社会・経済に関する地球規模の問題である。20世紀末には、世界の人口の約4分の1が北半球の先進国に住み、世界の資源の約3分の2以上を消費していた。そして発展途上国がおもに南半球にあって、経済規模も個人所得も低かった。この南北間の所得、生活水準などの格差とそれに起因する諸問題が**南北問題**である。南北問題は気候変動に関する国際的な動きに濃い影を落としている。

南北問題は、農産物・鉱産物資源の供給国と工業製品の生産・供給国の関係の問題でもあった。いまは、経済活動に占めるサービス産業の割合が大幅に増え、また、急成長した新興国の影響が強くなり、格差問題は複雑さが増しているが、南北問題は、依然として大きな地球規模の問題である。**表2.1**に関連するデータをあげておく。発展途上国の所得がこの10年で上昇したことが目立つ。

表 2.1　各国の所得、エネルギー供給、経済成長率、平均寿命、栄養摂取量
（いずれも例示。世界国勢図会，2016/17）

一人当たり国民所得（＝ GDP、米ドル/年、人口 1000 万人以上、2014）
　3 万ドル以上　米国 54,800、ドイツ 49,100、英国 45,600、日本 37,800
　1 万ドル以上　サウジアラビア 24,800、ブラジル 11,200、マレーシア 10,600
　1,000 ドル以上　中国 7,590、タイ 5,650、ナイジェリア 2,880、ベトナム 1,920、
　　インド 1,570
　1000 ドル以下　エチオピア 552、アフガニスタン 672、ネパール 703
　世界平均　10,800
一人当たりの一次エネルギー供給量（石油換算トン/年）
　米国 6.92、サウジアラビア 6.67、ドイツ 3.87、日本 3.57、英国 2.98、中国 2.22、
　インド 0.62、世界平均 1.90
経済成長率（%，2016 年見通し）
　インド 7.5、中国 6.5、米国 2.4、英国 1.9、ドイツ 1.5、日本 0.5、ブラジル －3.8
　世界平均 3.2
平均寿命（歳，2015）
　日本 83.7、スウェーデン 82.4、米国 79.3、中国 76.1、インド 68.3、
　アフリカ諸国の約 3 分の 1 が 50 歳代
栄養摂取量（kcal/一人一日，2011-13）
　米国 3,640、エジプト 3,560、ドイツ 3,540、ブラジル 3,260、中国 3,110、ベトナム 2,750、
　日本 2,720、ナイジェリア 2,700、インド 2,460、ケニア 2,210

2.5　廃棄物と"化学物質"

2.5.1　廃棄物

　自然界から採取した原料を、自然界から得たエネルギーを使って、加工、改質して消費するのが、エネルギーと資源から見た人間の基本的な活動である。そして、消費されたものは、すべて最終的には自然界へ廃棄されるので、人間活動の拡大は、必然的に**廃棄物**を増加させる。廃棄物量が多くなると、各所で、環境汚染や廃棄物処理などの環境問題が起こる。すでに図 1.1 に示したように、廃棄量は、近年、人口増加を上回るほどに急速に増加した。ただし、日本では、廃棄物は減少の傾向にある。廃棄物に関しては第 11 章で改めて考える。

　同じ資源量からより多くの製品やサービスを作り出す、つまり、資源生産性を向上させれば、廃棄物量は（資源消費量も）低減する。また、製品の耐久性

を増し使用期間を長くすることも、リサイクルを含む製品の再利用も消費量の低減につながる。しかし、廃棄物量をさらに減らそうとすると、節約、倹約などを含めたライフスタイル全体の体系的、組織的な見直し、あるいは、福祉、幸福のあり方の見直しも必要になるものと思われる。前述の広井氏は、定常型社会の考えを発展させて、福祉、環境、経済をキーワードとした「創造的福祉社会」を構想している。

2.5.2 "化学物質"

われわれの周辺にはきわめて多種類の物質が大量にある。天然のものもあれば、合成された人工の物質もある。ただし、天然物質なら安全で、人工物質は危険ということではなく、天然物にも薬になるものもあれば猛毒のものもある。人工物質も大部分は安全で、医薬品のように健康・衛生に積極的に貢献するものもある。したがって、これら物質の中から一部を切り分けて**"化学物質"**と定義することも、化学物質は危険だということもできない（コラム「"化学物質"とは？」参照）。ただ、天然物質は、長い歴史を通じて馴染んでいるので、人間には、危険なものを見分ける能力が多少なりとも備わっている。他方、**人工（合成）物質**については、知見が少ないので用心深くならざるをえない。そのため、新規な合成物質の製造・流通は厳しい規制の対象となっている。

われわれの生活には欠かせない有用な"化学物質"を安全に使うために必要な"化学物質"のリスク評価と管理については第10章で述べる。

COLUMN

"化学物質"とは？

　物質を化学物質と非化学物質に分けることはできない。人工（合成）物質 = "化学物質" = 有害だと思う人がいるかもしれないが、それは間違いである。天然にもフグ毒やトリカブト毒のような猛毒物質がある。ある種の細菌毒（ボツリヌス菌）は最強といわれている。また、薬用物質には、人工のものも天然のものもある。そのうえ、健康に対する影響は摂取量に依存する。くすりであっても大量に摂取すれば毒になるし、毒も少量ならくすりとして使われることがある。

　一般的に、科学の分野で化学物質という語はあまり使わないが、危険有害性物質の法規制および関連した議論において、"化学物質"の語が使われる。これらの定義を辞典類の説明の例とともに表に示しておく。この語を使う際に参考にしていただきたい。

　ちなみに、知られている物質数は（2006年）、既存"化学物質"（Chemical Abstracts Service 登録数）が約3,000万種、工業的に生産・流通しているものが約10万種（年産1万トン以上は約5,000種）ある。そのうち、わずかでも毒性関連の情報があるものの数は、約1万種に過ぎないのが現状である。

"化学物質"の定義

・化学物質の審査および製造等の規制に関する法律（化審法）	元素又は化合物に化学反応を起こさせることにより得られる化合物（放射性物質を除く）
・労働安全衛生法（安衛法）	元素または化合物
・広辞苑（第五版）	物質のうち、特に化学の研究対象となるような物質を区別して言う語。物質にほぼ同じ。
・理化学辞典（第5版）	物質という一般用語の中で、特に化学的な立場で物質を取り扱う場合の用語。
・標準化学用語辞典（第2版）	物質を化学の立場から認識した語、有毒物質や有害物質の同義語として間違って使われやすいので注意を要する。

第3章　環境問題の考え方

環境問題を考えるうえで、基本的な考え方や間違えやすい注意点を、**表3.1**に示す12か条にまとめる。そのいくつかはすでに本書で説明した。以下に、そのほかの重要なものについて説明しておきたい。

表3.1　環境の理解と対策について正しく考えるための12か条
（本書の該当箇所も示した）（御園生，2008）

1. 持続と循環－持続可能性とは	**2.1節**
2. 全てはグレーで程度問題－定量的比較が不可欠	**3.2節**
3. エネルギーと物質の収支が肝心	**3.3節**
4. 部分と全体	**3.3節**
4.1　全体に占める割合を常に考えよう	
4.2　全体を考えて判断しよう	
（ライフサイクルアセスメント）	**3.5節コラム**
5. 時間軸と空間軸の認識が必要	**3.1節**
6. データには必ずばらつきがある－時間的と空間的	**3.5節**
7. 経済性も考えよう－コストパフォーマンスが重要	**2.4節**
8. 新聞の読み方、テレビの見方－鵜呑みにしない	**3.5節**
9. トレードオフとケースバイケース	**1.2節**
10. 化学物質のリスク－安全と安心	**3.2節**
11. 効率向上か、総量削減か	**3.4節**
12. 誤解しやすい環境問題に注意しよう	**3.5節**

3.1　時間軸と環境問題

環境、エネルギー問題の解決にとって、**時間軸**（ロードマップ、シナリオ）はきわめて重要であり、時間軸を考慮しない議論は混乱の元となる。たとえば、地球の平均気温は、時間軸の長短により見え方がまるで違う（第4章）。また、**ライフサイクルアセスメント**（LCA）では（コラム「LCA」参照）、ふつう定常

状態を前提にして、特定の時点におけるスナップショットで、エネルギー、物質の出入りを解析するが、エネルギー戦略を考えるためには、用いるデータの時間的変化、とくに将来予測が重要である。

この将来予測を時間軸問題その1とすると、さらに、実社会の制約によるもう二つの時間軸問題その2、その3がある。じつは、温暖化対策では、決め手となるような単一の大型技術はないので、各種技術の組み合わせが必要になるが、その際、それらの時間軸を考慮した評価、つまり、過渡的状態や将来性の評価とその比較がとくに大事である。以下に、例をあげて説明する。

3.1.1　時間軸その1（エネルギー戦略）

新しいエネルギーの登場シナリオと既存エネルギーの退場シナリオ、すなわち、どのエネルギーがいつ頃どのくらいの量になるか（なるべきか）である。

周知のように、太陽光、風力発電は、種々の理由により、普及には時間が相当かかり（第7, 13章）、これらの合計が全エネルギーの数十％を供給できるようになるのは、21世紀後半以降になろう。他方、一番心配されていた石油は、多少の価格変動はあっても21世紀中に枯渇することはない（石油の燃焼で発生する二酸化炭素の問題については後述）。これらの適切な予測なしのエネルギー戦略はありえない。このほか、短い周期の変動やいつまでを考えるかも非常に重要である。

この時間軸は、技術の開発戦略にもいえることで、基礎研究、実証、経済貢献の時期に関して、しばしば不明確な時間軸に起因する混乱がみられる。

3.1.2　時間軸その2（製造期間と耐用年数）

製造と実稼働のタイミングのずれの問題である。新しい**省エネルギー・創エネルギー**設備は、はじめに製造・設置のためにエネルギーが消費され、その後、耐用年数がくるまで稼働して、省エネ・創エネによる削減能力を発揮する。大量の製造・設置には時間がかかるので、長期間にわたって、「消費」と「削減」が並行して進むことになる。そして、この期間中は、両者の差分が正味の省エ

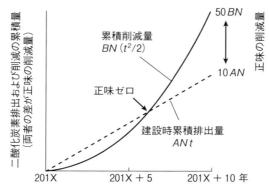

図 3.1 時間軸（その 2）建設と稼働の時間的ずれ（御園生，2010）
201X 年から毎年 N 個（10 年で $10N$ 個）建設した場合の t 年後の累積二酸化炭素排出量（ANt）と累積二酸化炭素削減量（$BNt^2/2$）。A は 1 個当たりの年間排出量、B は 1 個当たりの年間削減量。交点で正味の削減量がマイナスからプラスに転じる。

ネ・創エネ量である。しばらくして、省エネ・創エネ積算量が、製造時の消費量を上回るのだが、そうこうするうちに、最初に設置した設備の耐用年数がやってくる。これらのことを考慮しなければ正しい評価はできない。なお、既述のように、二酸化炭素の排出はエネルギー消費にほぼ比例する。

この様子を二酸化炭素の排出を例に概念的に示したのが**図 3.1** である。一定速度で設備を設置した場合、製造・設置時の消費エネルギーや二酸化炭素排出の積算量は時間に比例、他方、省エネ・創エネの積算量は時間の 2 乗に比例し、正味の効果がプラスに転じるまでには、単一設備のエネルギーとコストのペイバックタイムの 2 倍を要する（図の交点）。そのうち、設備の耐用年数が近づくと、修理、メンテナンスに追加のエネルギーなどが必要になる。なお、エネルギー（コスト）ペイバックタイムとは、製造時の消費エネルギー（コスト）を、稼働時の省エネ・創エネ効果によって取り返すまでの期間である。家庭用太陽光発電のエネルギーペイバックタイムは 2～3 年、コストペイバックタイムは 10 年程度と推定される。

3.1.3 時間軸その3（先行投資）

今を時めく新技術も、普及するまでに長期にわたる辛抱強い研究開発の投資があった。それと同様に、省エネ・創エネ設備が、その時点では高価であっても、また、LCAでメリットがなくても、先行投資をしておいて後でメリットを享受するというオプションも考えられる。とはいえ、自分に都合の良い楽観的な予測は避け、耐用年数なども考慮した慎重な判断をしたほうがよい。これも時間軸問題である。

3.2 リスクは定量的に考える

3.2.1 すべてはグレー

われわれは、とかく白黒を決めつけたがる、あるいはオール オア ナッシングの二分割主義で割り切りたがる。そのほうが、話が簡単で一見わかりやすい。しかし、その分、判断を誤る危険性が増える。

何であれ黒白をつけることは難しい。どんなに科学的な方法を駆使して解析しても、クロに近いグレーか、シロに近いグレーとしか推定できないことが多い。したがって、かりに少々議論が厄介になるにしても、「どの程度のグレーなのか」定量的に評価したうえで判断したい。これは、次項に述べるリスクの定量的な比較に通じる。

昨今、世間を騒がせている科学研究における不正の場合も、グレーで黒白がつけにくいことが少なからずある。しかし、このグレーゾーンの対処の仕方こそが、科学倫理にとっては非常に重要である。

3.2.2 リスクゼロはない

世の中に"絶対安全"（ゼロリスク）は"絶対に"ない。どの程度のリスクかという「程度の問題」があるのみである。**リスク**とは、危険性の程度で、その大きさは、良くないこと（火災、爆発、罹病、死亡など）が起こる可能性（確率）とそれが与える危害の大きさで決まり、しばしば次式で近似される。

$$\{リスク\} ≒ \{起こる確率\} \times \{危害の大きさ\}$$

式から分かるように、個々の危害が小さくても、起こる確率が高いものはリスクが大きく、個々の危害が大きくても、起こる確率が低ければリスクは小さい。なお、起こる確率が定量できないほど不確実性が高く、予想される危害が激甚な場合は、この式を安易に適用することは危険である。

3.2.3 安全と安心

リスクの程度が、許容できる範囲内の場合を「**安全**」という。安全な状態は、リスク低減のための不断の努力があって初めて維持されるもので、努力を怠ると容易に危険な状態になる。他方、安全だと思う心の状態を「**安心**」という。安全と安心は、密接に関係しているが別のことである。

リスクを許容範囲内に抑えるために種々の対策がとられるのだが、その際、許容範囲をどの程度にするかが重要なポイントである。たとえば、がんの場合、10万人に1人が一生のうちに発がんするか否かを基準にすることが多い（第10章）。ゼロリスクに近づけようとすればするほどコストなどが急増して、ついには負担しきれなくなる。

3.2.4 ほかのリスクやベネフィットとの比較（図3.2）

あるリスクを抑制すると、副作用により別のリスクが増加するということがしばしばある（1.2.3項 トレードオフ関係）。この場合、リスク間の比較が必要になる。また、ある程度のリスクを覚悟して、ある行動を選択することもよくある。そのときは、その行動のリスクとその行動で得られる**ベネフィット**（便益）を比較する。われわれは、日頃からこのようにリスク間あるいはリスク−ベネフィット間の比較をしながら行動を選んでいる（コラム「身の回りのリスク」参照）。

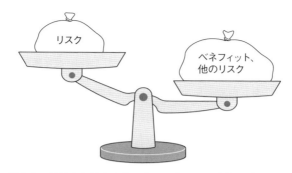

図 3.2 リスクとほかのリスク、ベネフィットとのバランス

3.2.5 安全工学

　安全を確保するための工学を**安全工学**という。安全工学の基本に、(1) 事故前の点検、改善、訓練と、(2) 事故による被害の軽減策がある。それには、点検による新たなリスクの発見と対策、進歩する安全技術の継続的な採用、そして、事故が起こった場合の被害を軽減するために事前に行う各種対策や防災訓練などが含まれ、これらは、工場などの事業所ではふつうに実行されている。

　2011 年の福島原発の事故では、事前の予防策が不十分であっただけでなく、事故が起こったときも何が起こったのかよく理解できなかったため、適切な対策をとることができず被害が拡大したことが分かっている。福島事故が人災といわれるゆえんである（第 7 章コラム「福島原発事故」参照）。

身の回りのリスク

　身の回りには、がん、交通事故、テロ、自然災害などさまざまな**リスク**が無数にある。いくつかのリスクの大きさを**表**に示したが、そのほかのリスクの許容基準を決める際に、これらとの比較が役に立つ。じつは、われわれは、住居をどこに決めるか、交通手段に何を選ぶかなど、日常的に、各種リスクやベネフィット（便益）を比較しながら総合的に判断して行動を決めている。環境対策においても、特定のリスクに過度に反応するのではなく、ほかのリスクやベネフィットと比較検討したうえで、バランス良く対策を選択すべきである。

表 身の回りのリスクの例

リスクを10万人当たりの年間死亡者数で表したもの（おもに、中谷内，2006から）。

がん 250人　老衰 30人　自殺 24人　交通事故 9人　入浴中の水死 2.4人
火事 1.7人　自然災害 0.1人　落雷 0.002人
BSE牛によるプリオン病 < 0.01人（厚労省、定量的信頼性は高くない）

なお、日本人の死因は、がん（悪性新生物）＞心疾患＞肺炎＞脳血管疾患＞老衰 であり、寿命が延びたがゆえの死因が多くなっている。

3.3　部分と全体の関係を常に考える

"部分と全体"には、「全体に占める割合を考えること」と「一部だけでなく全体を考えること」の二通りの意味がある。

3.3.1　全体に占める割合を考える

エネルギー　エネルギーの未来を語るときに、石油、太陽光など個々のエネルギーを切り離してそれぞれに論じるのではなく、エネルギー戦略の全体像を想定し、個々のエネルギー源が、全体に占める割合を考えておくべきである。そうしないと、全体の方向性を見失ってしまう。

電力　電力は、二次エネルギーの一つである（3.5節）。発電には、全一次エネルギー供給量の約半分近くが使われるが、消費サイドでみると、電力は消費エネルギーの4分の1で、見かけ上小さくなる（**図3.3**）。火力発電の効率が低いためである。これは日本の例であるが、世界全体でも大きな違いはない。その結果、一次エネルギー構成と電源（電力源）構成の数値は相当異なることになる。

3.3.2　全体を考える－LCA

原料採取から製造、そして廃棄に至るまでの製品の全サイクル、つまり製品

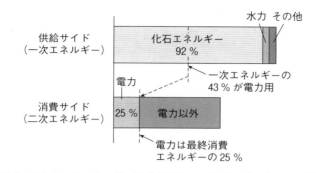

図 3.3 日本の一次エネルギー構成（供給サイド）と二次エネルギー構成（消費サイド）(2013)（日本国勢図会，2015/16)

の一生にわたって評価をしないと間違った判断をすることになりかねない。製品などの一生について、資源、エネルギーなどの収支を定量的に評価することを**ライフサイクルアセスメント（LCA）**という（コラム「LCA」参照）。以下に例をあげる。

　電気自動車　走行時だけをみると、電気自動車は、消費エネルギー、二酸化炭素排出量、コストのいずれをとっても、ガソリン自動車に比べて非常に小さい。しかし、電力の製造（発電）時を考慮するとその差は縮まる。さらに自動車の製造時を含めると、電気自動車とガソリン車の差はほとんどなくなる。定量的には後述（第 13 章）。そして、電気自動車のほうがはるかに高価なので、現時点では、電気自動車による二酸化炭素排出の削減コストはきわめて高いものにつく。

　LCA により二酸化炭素排出量を製造時、走行時（とメンテナンス）に分けて評価した例を**図 3.4** に示す。この図から、ガソリン自動車は走行中の排出量が圧倒的に多いが、ハイブリッド、電気自動車は製造時の排出が多く、走行時と同程度になることが分かる。このことが電気自動車に関する上記の評価につながる。少なくとも、製造時を除外した評価では意味がないことは明らかであろう。

　ゼロエネルギー住宅　このゼロエネルギーとは、住宅のライフサイクルのエ

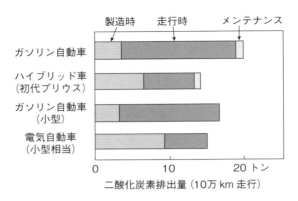

図 3.4 ガソリン、ハイブリッド、電気自動車の二酸化炭素排出量とその内訳（LCA）
上の二つはメーカー公表データ。下の二つは著者試算。

ネルギー消費がゼロということではない。居住時に限ると、電気・ガスなどのエネルギー消費がゼロになるということである（省エネルギー＋創エネルギー＝居住時の消費エネルギー）。しかし、入居する以前の、住宅や設備の製造、設置の際に消費するエネルギーを考慮しなければ、本当の消費量は分からない。また、耐用年数やメンテナンスも考えておかねばならない。

もちろん、高価なゼロエネルギー住宅を購入し、入居後の支出を減らすという選択肢はあるが（時間軸問題その3）、その選択が全体を通した省エネルギーになっているとは限らない。

3.4 効率向上か総量削減か

二酸化炭素排出量の削減のために、エネルギー、資源の節約を心がけるという人は多いが、実際の行動では結果的に多消費型の行動になっていることがよくある。その一つに効率と総量の問題がある。

3.4.1 家庭の消費電力の推移

図 **3.5** は、日本の経済成長期における家庭の消費電力の推移を示したもの

3.4 効率向上か総量削減か

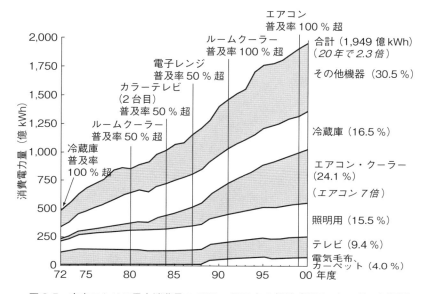

図 3.5 家庭における電力消費量の 1972〜2000 年の推移（資源エネルギー庁資料）

である。図にあるように、家庭の消費電力は 2000 年頃までの 20 年間に 2.3 倍に増加した。使用する家電製品の効率は、平均して 2 倍程度になった（つまり家電製品 1 個当たり消費電力は半分ですむ）にもかかわらず総消費量は急増した。なかでもエアコンの伸びが顕著である（7 倍）。

電力消費が倍増した理由は、1 家庭当たりのエネルギー消費が増えたこと（エアコンの台数、冷蔵庫の容量の増加など）と、世帯数が増加したこと（世帯当たりの人数が減少）による。二酸化炭素排出量を減らそうとして、個々の製品の効率をいくら向上しても、これでは総量が増えてしまい、削減目標の達成はおぼつかない。

ただし、製品の効率向上が無意味だというのではない。家電製品の大幅な効率向上がなかったら、消費電力量は図の値よりはるかに大きなもの（2 倍）になっていたはずであり、効率向上のお陰で図の実績レベルまでに抑制できたともいえる。しかし、それは電力消費総量の大幅増加を許容することになる可能性が高い。

なお、2000年頃以降は家庭の電力消費量に大きな変化はない。これは、経済が停滞して（GDPの成長率がほぼゼロ）、上記の増加要因が減ったことによる。

3.4.2 製品評価の悩ましさ

ある製品を世に送りだしたとき、その製品の効率が高ければ、その分、二酸化炭素排出の低減に貢献する。しかし、その製品も製造時と使用時にエネルギーを消費するので、もし、その製品が普及して、製造、使用時の二酸化炭素排出量が、既存製品が排出していた量を超えたとき、その超過分により二酸化炭素排出量は正味で増加する。この場合、この新製品は、二酸化炭素排出量を低減させたというべきだろうか、それとも増加させたというべきだろうか。

もともと、この新製品は、便利で豊かな生活に貢献するがゆえに普及したのである。このように、人間の生活を豊かにしようとすると、ほぼ必然的にエネルギー、資源の消費量が増え、二酸化炭素排出量は増加する。環境クズネッツ曲線（図1.2）の上り坂である。図3.5は、効率向上が、環境負荷の増加にブレーキをかけたものの減少させるまでに至らなかった例ということになる。じつは、こういった効率化か総量削減かというジレンマ問題はほかにも例が多く、製品に限ったことではない。24時間営業のコンビニ、きらびやかな夜間の照明、超高速の運搬手段なども、効率・便益と環境負荷に関する同様の問題を含んでいる。

多くの人が過度に贅沢だと思うことや、きちんと評価するとメリットがないことは、止めるべきであろう。とはいえ、厳しく制限し過ぎて、生活が窮屈で楽しくなくなっては意味がない。第4部で改めて考えるが、エネルギーの利用効率向上や低炭素化などと、節度のあるライフスタイルの両方が必要である。

3.5 そのほかの間違えやすい事項

(1) 新聞・テレビ・ネットの見方－鵜呑みにしない

「日本人は新聞・テレビの記事をすべて本当だと信じ、逆にアメリカ人はす

べてうそだと思う」というジョークを聞いたことがある。その真偽はともかく、新聞、テレビの言説を鵜呑みにしないほうがよい。科学者がコメントして、結果的に「ウソ」の片棒を担いでいることもある。"専門家と称するじつは専門外の科学者"の発言には用心したほうがよい。自分の専門分野であれば誤りにすぐ気づくのだろうが、違う分野のウソはなかなか分からない。

厄介なのがインターネットである。信頼性が低い情報が、ネット内を駆け巡っているうちに多数意見のようになることがある。なかには、全くの誤りもある。裏をとって真偽を確認できればいいのだが、そう簡単には裏をとれない。

いずれにしても、新聞、テレビの記事やネットの情報を鵜呑みにせず、批判的に受け止め、自ら真偽を判断する習慣をつけたいものである。専門家が実施するエネルギー戦略に関わるコストの推算や見通しなどにも、ご都合主義で積算根拠の怪しいものが結構あるので、同様の注意が必要である。

(2) データはバラつく

いつ、どこで、どんな方法で、生データを取得して、どのような条件・前提のもとでどのように計算したかによって、得られるデータの値は大幅に変わる。また、対象の特性によっては、ランダムにあるいは規則的に変動する。

データを解釈する場合は、これらのことに常に注意する必要がある。本書でも必要に応じて注意を喚起したい。

(3) さまざまなエネルギーと注意点

一次エネルギーと二次エネルギー　自然から採取した一次エネルギーを使いやすいように変換したものが、電力、燃料油、都市ガス、水素などの二次エネルギーである。なお、一次エネルギー統計は化石エネルギーが基準となっていることが多く、水力発電や原子力発電を化石エネルギーへ換算する際の**換算係数**が統計によって異なるので注意が必要。太陽光発電なども同様である。

再生可能エネルギーと枯渇性エネルギー　太陽エネルギーのように常に供給されるか、バイオマスのようにある程度待てば（1年～数十年）再生されるエネルギーを再生可能エネルギーといい、そうではない化石燃料を枯渇性（非再生可能）エネルギーという。

発電容量（設備）と電力（発電量）　発電容量（設備）は設備の大きさ（kW）、電力（発電量）は実際の発電量（エネルギー量、kWh）。電力は（設備容量×稼働時間）なので、両者は、走る速度と走った距離（＝速度×時間）の関係である。したがって、各種の発電法を比較する場合、発電容量と発電量では、稼働率分だけ異なる。太陽光発電、風力発電の稼働率は10～15％、火力発電、原子力発電は80％以上なので、発電容量で比べるか発電量で比べるかにより6～7倍の開きが出る。

(4) エネルギー密度と原料純度が重要

エネルギーと物質に関する質的な優劣の問題に密度と純度がある。これはエントロピーの問題ということもできる。実は、これらが普及のカギになることが多い。

エネルギー密度　エネルギー密度とは、単位面積あるいは体積当たりのエネルギー量。たとえば、蓄電池1L当たりの貯蔵エネルギーは、約100 Wh（3.6×10^2 kJ）のレベルだが、ガソリン1Lのエネルギー密度は3.5×10^4 kJで、ガソリンのほうが二ケタ大きい。電気自動車とガソリン自動車で、1回の充電（または満タン）で走行できる距離に大差があるのは、この理由による。実際の差は二ケタもないが、これは、電気自動車は走行時のエネルギー利用効率が高いからである。

日本では、太陽光は1 m^2に約1 kW降り注ぐ（1時間で1 kWh）。太陽光発電の変換効率15％、稼働率15％（稼働率は昼間の天気に依存。夜間は停止）とやや高めに仮定すると、1 m^2当たり年間に約200 kWhの電力（エネルギー）が獲得できる。入射する太陽光全体は膨大であるが、実際に得られる面積当たりの発電量（エネルギー密度）はそう大きくない（世帯当たりの年間電力消費は3,000～4,000 kWhなので15～20 m^2が必要、家庭用モジュール3～4 kWにほぼ相当）。

もし、太陽光発電（稼働率15％）で、火力発電所または原子力発電所1基100万kW（ともに稼働率80％、敷地面積1 km^2以下）分の電力量を供給しようとすると、東京の山手線内（約60 km^2）の面積に発電パネルを敷き詰めねば

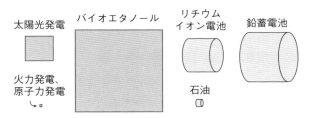

図 3.6 同じ発電量を得るために必要な面積と同じエネルギー量を蓄えるのに必要な容積
（発電）火力，原子力：太陽光：バイオエタノール ≒ 1：100：1000，
（蓄エネ）石油：リチウムイオン電池：鉛蓄電池 ≒ 1：100：350

ならない。もし、同量のエネルギーをトウモロコシ、サトウキビからのバイオエタノールで賄うと、さらに約 10 倍の面積（東京 23 区内、約 600 km^2）が必要となる。**図 3.6** にこの関係を図示する。図形が小さいほど効率的。

原料の純度　鉱石が含む貴金属の濃度は、白金の場合、数 ppm（ppm は 100 万分の 1）なので、精製して白金を得るには膨大なエネルギーとコストがかかる。そして、採掘した鉱石の大部分が廃棄物になる。高価な貴金属であるがゆえに、それでもビジネスが成立するのである。

ウランは、鉱山に埋蔵されている量より、海水に含まれている量のほうが多い。しかし、海水中のウランの濃度はきわめて低く、採取法の開発がつづけられているが、今のところ実用化されていない。

(5) 森林の二酸化炭素固定化量は森林の増加分だけ

植物は、二酸化炭素を光合成により固定化し、呼吸などにより排出する。したがって、その差分が正味の二酸化炭素の固定化量になり、ほぼその分だけ植物自体の成長につながる（植物の主成分は二酸化炭素と水が結合した炭水化物）。そして、いつかは枯れて腐敗し二酸化炭素に戻る。森全体の成長速度と腐敗する速度が等しい定常状態では、正味の固定化量はゼロになる。つまり、森林の量が増えない限り正味の固定化はない。

(6) 価格とコストは違う

石油、天然ガスなどの売買価格は**コスト**（＝ 生産、流通に必要な経費）とは違う。**価格**は、需給関係などの市場を考慮し、コストに利益を上乗せして決ま

る。しかし、コストは油田によって大幅に異なるので、石油の市場価格によっては赤字になる石油も出てくる。

(7) 化石資源の種類で二酸化炭素発生量が変わる

化石資源を燃焼した場合に得られる単位エネルギー当たりの二酸化炭素発生量は、含有する水素と炭素の割合でほぼ決まる。この割合は、天然ガス（おもにメタン、CH_4）が4に近く、石油は約2、石炭は約1なので、エネルギー当たりの二酸化炭素発生量は、天然ガス：石油：石炭 ≒ 0.75：1：1.3 である。

COLUMN

ライフサイクルアセスメント（Life Cycle Assessment；LCA）

LCA（Life Cycle Assessment）とは、製品、プロセス、サービスに関わる全過程（製品であれば、原料の採取から製造、消費、廃棄、リサイクルを含む"ゆりかごから墓場まで"の全生涯）について、物質、エネルギーの出入りを定量的に算出し、それをもとに環境影響を評価する手法である。LCAは、製品などの環境影響の評価にとって欠かせない重要な手段になっている。

製品のライフサイクルを**図1**に示す。図中に大きく四角で囲んで示したシステム境界を設定し、その境界を越えて定常的に出入りするさまざまな物質、エネルギー（環境負荷項目）の量を算出する。LCAは、有力な手段であるが、以下に述べる限界のあることに注意しないと、判断を誤ることがある。図には示していないが、労働

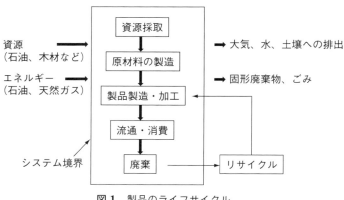

図1 製品のライフサイクル

力やコストの評価が重要になる場合もある。また、前述の非定常状態の評価が欠かせない場合もある。

LCA の手法には、各過程のデータを一つずつ積算して環境負荷を算定する**積み上げ法**（Process Analysis）と、産業部門間のやり取りをマトリックスに整理して演算により環境負荷を求める**産業連関分析**（Input-Output Analysis）がある。

積み上げ法の標準的な手順は以下の通りである。

(1) **目的および調査範囲の設定**　はじめに、何のために、何について、どの範囲でどういう条件で評価するのかを明確に決めることが大事である（システム境界の設定）。

(2) **インベントリー分析**　計算の基礎となる膨大なデータを収集・整理して表にする。インベントリーとは在庫表のこと。すべてのデータを信頼性高く得ることは難しいので推定値も用いる。データの定義や選び方によっては結論が逆転することがあるので要注意。また、アロケーション（割り振り）といって、入出力が複数の場合（たとえば、一つの原料から複数の製品が作られる場合）にデータを適当に割り振る作業も必要である。

(3) **環境負荷の評価（インパクト評価）**　インベントリー分析に基づいて環境影響を推算する。いくつもの環境影響を統合して単一の環境影響で表現する試みもあるが、これは主観の入る難事業である。

(4) **結果の解釈と活用**　解析結果をもとに製品などの開発・改善などに活かす。

表 1 と表 2 に、積み上げ法による実施例と産業連関表による実施例をそれぞれ示す。表 1 から分かるように、食品用トレー 1 枚当たりでみると、紙トレーのほうがプラスチックよりも約 3～5 倍環境負荷が大きい。これはトレー 1 枚の重量の違いによるところが大きい。

表 2 は、約 500 の製品についての計算結果の一部である。条件付きであるが、二酸化炭素排出量が類似した工業製品は、似た加工度の製品であると考えられる。また、基礎産業、エネルギー産業は他の産業の基盤なので、エネルギー消費量の割に価格が低く、この値は大きくなる。

CO_2 排出量と消費エネルギーの比は予想通りほぼ一定である。ただし、セメント、製鉄の場合、製造プロセス自身が CO_2 を生成する反応であるため、この比が大きい（石灰石の焼成および鉄鉱石のコークスによる還元。それぞれ主反応は、$CaCO_3 \rightarrow CaO + CO_2$、$Fe_2O_3 + (3/2)C \rightarrow 2Fe + (3/2)CO_2$）。

最後にLCA実施上のおもな注意点をあげておく。

1) 結論は、最初に設定した条件、範囲においてのみ成立する。条件や領域が変わると結論は変わりうる。設定範囲を超えて、結論だけが独り歩きしないよう注意。

2) 用いるデータにはもともと不確実性があることを忘れてはならない。データの選び方で結論は変わる。

3) 前述の**時間軸の問題**がある。

表1 LCA実施例（積み上げ法）
食品用トレー：紙とプラスチックの比較、1000枚当たり

	紙トレー	PSPトレー	紙/PSP比
重量	21.9 kg	4.4 kg	5.0
エネルギー消費	6.08×10^5 kJ	1.96×10^5 kJ	3.1
CO_2	44.6 kg	14.6 kg	3.1
NO_x	0.112 kg	0.015 kg	7.5
SO_x	0.081 kg	0.074 kg	1.1

PSP：発泡ポリスチレンペーパー

表2 LCA実施例（産業連関表により求めた製品の環境負荷原単位）
生産者価格100万円当たりのエネルギー消費と二酸化炭素排出（2005）。
製品部門のカッコ内数字は原表の番号。

製品部門	エネルギー消費量 （GJ/100万円）	二酸化炭素排出量 （CO_2トン/100万円）	CO_2排出/エネルギー消費 （トン/GJ, ×1000）
乗用車（246）	50.8	3.61	71.1
電池（226）	61.6	4.17	67.7
集積回路（241）	50.1	3.14	62.7
液晶素子（243）	42.2	2.73	64.7
化学肥料（104）	123.1	8.25	67.0
石油化学基礎製品（110）	117.0	7.70	65.8
合成繊維（125）	147.7	10.92	73.9
電力（事業用）（290）	479.1	27.34	57.1
製鉄（158）	715.5	68.49	95.7
セメント（149）	604.5	134.17	222.0

（南斉・森口，2012）

第2部
自然環境の現状と課題

環境問題と対策

　人間をとりまくすべてが環境である。自然環境だけでなく、家、道路、工業製品、情報システムなどの人工物がもたらす環境のほか、社会経済制度や文化的な環境が含まれる。本書が扱うのは、自然環境と一部の人工的環境である。第4、5章で、自然環境（大気、土地、水、生物）について述べ、第6章で生活環境や人口問題についてふれる。

　人間は自然環境と深い関わりがあることは第1部ですでに述べた。そのほか、人間は大気中へ各種汚染物質を排出する一方、大気成分である酸素を体内や化学工業で酸化反応に用い、窒素を固定化して肥料などを製造している。人工的に合成された窒素量はすでに自然が固定する窒素量に匹敵するという。同様に地圏、水圏、生物圏とも直接的に深い関係がある。

　将来の環境のありようは、現在の努力に依存するところが大きいので、正しい方向に向かって適切な努力をすることが大事であることはいうまでもない。そのためには、環境の全体像を知って、特定の環境項目に偏ることなくバランスのよい総合的な対策を選択せねばならない。環境維持・改善のために投入できる資源には限りがあるからである。

はじめに、主な環境問題を表にまとめて示す。環境の改善策については第4部で述べるが、そこで取り上げないものについては第2, 3部の各章に分散して紹介する。

表　おもな環境問題の例

項目	被害・影響	主な原因、メカニズム
地球温暖化	20世紀で0.6〜0.7℃上昇	二酸化炭素など温室効果ガスと自然要因（太陽の活動、地球の運動）
オゾン層破壊	生態系への影響（未確認）	ハロカーボン類
酸性雨	森林など	化石燃料の燃焼、火山活動
森林破壊	年間0.3%減少	伐採
土地劣化	年間2%弱減少	過剰農牧、自然現象
大気汚染	窒素・硫黄酸化物、粒子状物質光化学オキシダント	化石燃料、火山活動
廃棄物問題	健康、景観、処理コスト	大量生産・消費、管理不備
"化学物質"	健康、生態系	リスク管理不備、情報不足
ヒートアイランド	気温	都市化
<u>広義の環境問題</u>		
エネルギー・資源	供給不安、価格上昇	大量生産・消費、地政学的問題
食糧	供給不足（地域格差）	耕地・生産性の頭打ち、人口増、食生活の変化
水	供給不足・質（地域格差）	人口増、水管理、供給設備
生物多様性	生態系変化、種の絶滅	人間活動拡大、自然の変化
人口増加	資源問題、社会経済問題	

第 4 章 大　気

4.1　大気の構造と運動

4.1.1　大気の構造

　地球の大気は、生物に酸素や水を供給してその生存基盤となる一方で、豪雨や台風などによりその生存を脅かす。

　大気は、鉛直方向に沿って**図4.1**に示す層状構造をとっている。層の境界は、高度にともなう温度の極大または極小点にあたる。大気圏の外側は宇宙空間になるが、両者の間に明確な境界があるわけではなく、便宜的に高度500～1000 kmあたりで区分される。

　大気の圧力（密度）は上空ほど小さい。これは、支えるべきより上空にある大気の重さが減少するためである。5 km上昇すると圧力（密度）は約半分になる。

　人間に最も関係が深い地表近くの大気は**対流圏**とよばれる。対流圏内では、地表で暖められた大気が上昇気流となって上空へと移動するが、このとき、大気の温度は、断熱膨張により1 km上昇するごとに約6.5℃低下する。断熱膨張とは、熱の出入りなしで膨張することで、膨張した分だけ（外部に対して仕事をして）大気団のエネルギーが減り温度が下がる。大気が冷えると、含まれる水蒸気は雲になり、さらに、雨や雪になって地上へ落下する。

　上昇した大気は、後から上昇してくる大気に押し出されて水平方向に移動したのち、再び地上へ向けて下降する。この循環が対流である。下降の際、温度は、断熱圧縮により高くなる（断熱膨張の逆）。対流圏の大気は対流によって活発に混合している。

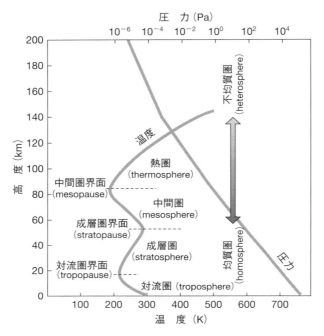

図 4.1 大気の構造（鉛直方向）とそこで起こる事象の例
（アンドリューズら，2005 を改変）

　対流圏のすぐ外側には、**成層圏**とよばれる密度の低い層がある。成層圏では、大気成分が上空ほど太陽エネルギーを多く吸収して高温になるため対流は起こらない。対流圏と成層圏の境界（圏界面）は対流する大気の折り返し点で、地上から 6〜8 km（赤道付近）から 10 数 km（極地付近）のあたりに位置する。大型ジェット機が飛行する偏西風の強い領域である。

　成層圏の外側には**中間圏**と**熱圏**がある。密度がさらに小さく、太陽光、太陽風や宇宙線の影響がさらに大きい。太陽風は太陽から飛んでくる電子、陽子、アルファ線（ヘリウムの原子核）などで、宇宙線は太陽系外からの陽子、アルファ線などの粒子や電子である。熱圏の中には、窒素、酸素などが電離してプラズマ状態となった**電離層**とよばれる領域がある。地上から発信された電波が、この電離層で反射されるので超遠距離の電波通信が可能になる。おもに熱圏で起こるオーロラは、大気成分が太陽風により励起されて発光する現象で、

地球磁場が弱く太陽風が届きやすい極地上空でよく観測される。

大気の組成は、対流圏も成層圏もほぼ等しく、窒素78.08％、酸素20.95％、アルゴン0.93％（9300 ppm）、二酸化炭素400 ppm、ネオン18 ppm、ヘリウム5 ppm、つづいてメタン、クリプトン、水素である。このほかに、対流圏にはわれわれの生活に関わりの深い水蒸気（平均約2％）が存在するが、その濃度は空間的、時間的に大幅に変動する。

4.1.2　対流圏における大気の運動

対流圏における大気の基本的な運動は大循環とよばれる、熱帯域で上昇し極域方向へ移動したのち下降して地表へ戻る循環である。実際には、後述する**コリオリ力**によって分断され複雑になる。なお、高緯度で低温になるのは、地表面と太陽のなす角度が小さく、地表の単位面積当たりの太陽光の入射量が小さいためである。

この大循環に加えてモンスーンなどの季節風がある。海洋にくらべ大陸のほうが暖まりやすく冷えやすいため、大陸が、夏は高温・低気圧に、冬は低温・高気圧になる。その結果、夏は海洋から大陸へ、冬は大陸から海洋へ向けて季節風が吹く。

さらに、大気の運動は、地球の自転に基づくコリオリ力の大きな影響を受ける。コリオリ力とは、回転系（地上）から静止系（大気）の運動をみると、働いているように見える"見かけの力"で、この力により、大気の運動は、北半球では進行方向に向かって右方向（南半球では左方向）へ押し出されるように見える。

コリオリ力の影響で、大気の大循環が熱帯域、中緯度域、極域のおよそ三つに分断され、それぞれの領域で循環するようになる。そのため、地上では貿易風や極東風などの東風が、上空では偏西風が観測される（**図 4.2**）。中緯度地域の循環は不安定で大きく蛇行する。この蛇行の変動により地域の天候が大きな影響を受ける。気象に関係の深い南太平洋の海面近傍で起こるエルニーニョ、ラニーニャ現象や大気の南方振動については、コラム「エルニーニョ／

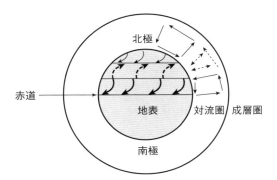

図 4.2 対流圏大気の循環（井田, 2014 などから作成）
北半球では風は右方向に曲がる。中緯度域の大気の運動は複雑である。

ラニーニャ現象／南方振動」参照。

なお、ここで述べた説明は一般論であって、地域によってさらに多くの要因が重なり、実際に起こる大気の運動は地域差が大きく複雑である。

COLUMN

エルニーニョ／ラニーニャ現象／南方振動

海洋の温度変化に関するエルニーニョ／ラニーニャ現象は、毎年のアジア太平洋地域の気候に与える影響が大きく、日本の冷夏や暖冬の主要な原因である。**エルニーニョ現象**は太平洋の赤道付近東部（ペルー沖）における海水温の上昇が約1年つづく

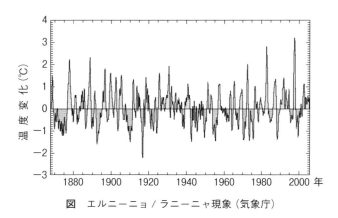

図　エルニーニョ／ラニーニャ現象（気象庁）

現象であり、**ラニーニャ現象**はその逆に同海域の海水温が低い状態がつづく現象である。図にあるように、1880 年から 2012 年の間にそれぞれ平均して 4 〜 5 年に 1 回起こっている。地球温暖化との関連が示唆されることもあるが、今のところ証拠はなく否定的である。

南方振動は大気に関する変動である。インドネシア付近と南太平洋域の海面の気圧がシーソーのように連動して増減する現象で、エルニーニョ / ラニーニャ現象と関係している。

4.2 大気環境の諸問題

気候の変動と近年の異常気象については次節で取りあげるので、ここではそれ以外の大気環境の問題を概観する。

4.2.1 オゾン層破壊

オゾン層は、地上から 20 〜 25 km の成層圏内にある、オゾン（O_3）濃度が比較的高い領域である。といってもその濃度は非常に低い。オゾン層中のオゾンは、対流圏、成層圏中の酸素とともに、太陽からの紫外線を吸収して地表に到達する紫外線量を低減する。

このオゾン濃度が通常より低い領域を**オゾンホール**とよぶ。オゾンホールは 1980 年ごろから観測され始め、その拡大による生物への悪影響が懸念された。対流圏のオゾンはその酸化力によって生物に悪影響があるが、成層圏のオゾンは逆にその量が減ると生物に悪影響を与える可能性がある。ただし、オゾンホールによる生物の被害が確認されたわけではない。

オゾンホールは、冷蔵庫などの冷媒や電子部品の洗浄剤として広く使われていた有機フッ素化合物（**クロロフルオロカーボン**：通称**フロン**、CFC）に起因することが分かり、その使用禁止や、**代替フロン**（HFC）の開発・普及が進められた。今は代替フロン自身も規制されて"自然冷媒"（二酸化炭素、アンモニア、炭化水素など）へ移行中である。その結果、オゾンホールの問題は解決

しつつある。なお、CFC は、特定フロンとよばれる CFC-11 (CCl_3F)、CFC-12 (CCl_2F_2)、CFC-113 (CCl_2FCClF_2) などの化合物で、HFC は、CFC の Cl が H で置き換わったものである。

オゾンは光化学反応により酸素分子から生成する。このオゾンは紫外線や酸素原子との反応でゆっくり消滅するが、下記の連鎖反応 4.1, 4.2 式が加わると、Cl（塩素原子）が連鎖キャリアとなって、オゾンが加速度的に分解してオゾン層の破壊につながる。CFC は、その安定性ゆえに地表から成層圏まで到達し、光化学反応によりこの連鎖反応の鍵である Cl を発生する。1 個の Cl は、4.1, 4.2 式の連鎖反応を繰り返して数万個のオゾン分子を分解するとされる。

$$Cl + O_3 \longrightarrow ClO + O_2 \tag{4.1}$$

$$ClO + O \longrightarrow Cl + O_2 \tag{4.2}$$

4.2.2　酸性雨、光化学オキシダント、硫黄酸化物、窒素酸化物

1990 年ごろまでのヨーロッパでは石炭燃料が大量に使用され、石炭中の硫黄分が**硫黄酸化物**（SO_x、**ソックス**）となってそのまま大気中に放出された。この SO_x が、国境を越えて広がり、各地で酸性雨を降らせて、森林が枯れる、湖沼に棲む生物が死ぬなどの被害を出した。**酸性雨**は、SO_x から生じる硫酸を含んだ雨水である。SO_x は、石油、石炭など化石燃料の燃焼などの人間活動のほかに、火山活動によっても相当量が放出される。

日本の雨水は pH が 4.5〜5.0 でやや酸性である。しかし、大気中の SO_x 濃度は、化石燃料のクリーン化や排煙脱硫により（後述）、大幅に変化したにもかかわらず、この pH 値はほぼ一定であったので、日本の場合、雨水の酸性化と化石燃料消費の関係は小さいものと推定される。また、被害も確認されていない。

かつて日本の高度成長時代に、四日市の工場地帯で SO_x による呼吸器障害など多くの被害が出た。これは四日市ぜんそくとよばれ、日本における**四大公害訴訟**の一つである。その後、工場の燃焼排ガス中の SO_x を除去する排煙脱硫設備が設置され、また、燃料中の硫黄分を低減したいわゆるクリーン燃料が

使用されるようになり（第12章）、大気中のSO_x濃度は大幅に減少した（図**4.3**上）。一般局（大気の汚染状況を常時観測する自排局以外の測定局）の100％、自排局（自動車排ガスによる大気汚染が想定される道路付近の大気汚染状況を常時観測する測定局）の99.7％が環境基準を達成している（2012年度）。

真夏の注意報でお馴染みの**光化学オキシダント**は、オゾン、過酸化物、ペルオキシアセチルニトラート（PAN）など酸化力が強い大気汚染物質のことで、大気中でNO_2と炭化水素との光化学反応により生成する。光化学オキシダントは目に刺激性があり、呼吸器に障害を起こす。

これらの物質と自動車排ガスなどに含まれる粒子状物質が反応して、霧のようになる状態を**光化学スモッグ**という。20世紀中盤から後半にかけて有名に

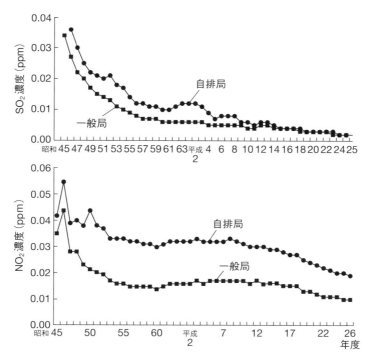

図4.3 硫黄および窒素酸化物の大気中濃度の推移（日本）（中央環境審議会12次答申）
（硫黄酸化物は『環境白書』平成27年版，窒素酸化物は『環境白書』平成28年版より）

なったロスアンジェルスの例がある。ロンドンでは、それ以前の19世紀末から20世紀半ばに、石炭ストーブから発生する煤とSO$_x$が原因となって黒い霧が発生し、**スモッグ**（Smog；smokeとfogの合成語）とよばれた。

窒素酸化物とは、一酸化窒素（NO）と二酸化窒素（NO$_2$）のことで、あわせて**NO$_x$（ノックス）**という。これらは、化石燃料を高温で燃焼する際に、燃料に含まれる窒素分または燃焼に使われる空気中の窒素から発生する。主にNOとして排出され、空気に触れてNO$_2$、さらに硝酸イオン（NO$_3^-$）に酸化される。発電所などのボイラーと自動車からの排ガスが主要な発生源である。前者を固定発生源、後者を移動発生源という。窒素酸化物は、光化学オキシダントの発生に関わるとともに、人の呼吸機能に悪影響を持つ。雨水の酸性化にもある程度の寄与をする。

大気中のNO$_2$濃度は、排煙処理と燃料のクリーン化にともない次第に減少した（**図4.3下**）。日本における環境基準の達成率は、一般局で100%、自排局で99.3%に達している（2012年度）。NO濃度もほぼ同様に減少した。

4.2.3　粒子状物質、微粒子状物質（PM 2.5）、黄砂

大気中の**粒子状物質**（PM；Particulate Matter）は、粒径の小さい浮遊粉じんと比較的粒径の大きい降下ばいじんに大別される。粒径が10ミクロン（μm）以下のものは、**浮遊粒子状物質**（SPM；Suspended Particulate Matter、PM10）とよばれ、環境基準が設けられている。近年、さらに微小な2.5ミクロン以下の粒子（**PM 2.5**）の環境影響が懸念され、新たな基準が設定された。

これら粒子状物質は、微小なため大気中に長期間存在し呼吸器に悪影響を及ぼす。発生源には、工場やディーゼルエンジンなどの人為的発生源と、黄砂や土砂の巻き上げによる自然発生源がある。排出源から直接放出されるものを一次生成粒子、これがほかの化合物と反応して成長したものを二次生成粒子という。2014年度の基準達成率は、10ミクロン級のSPMがほぼ100%、PM2.5は30～40%である。近年、PM2.5の国境を越えた移送が問題になっている。

4.2.4 有害大気汚染物質と揮発性有機化合物

環境基準が設定されている有機系の**大気汚染物質**（Hazardous Organic Air Pollutants）は、ベンゼン、トリクロロエチレン、テトラクロロエチレン、ジクロロメタンで、これらはおおむね基準値以下になっている。

主要な**揮発性有機化合物**（VOC；Volatile Organic Compounds）は、トルエン、キシレン、ジクロロエチレンなどで、それらの発生源は、約半分が塗装、ついで、洗浄剤、化学製品、給油所である。日本における 1992 年の発生量は年間 150 万トンと推計されたが、VOC 発生が少ない水性塗料の採用や塗装法の改良、作業環境の管理、除去技術の普及などにより大幅な低減が実現した。

近年、建材、家具、生活用品から発生するクロロホルムによる室内空間の汚染が問題を起こした（シックハウス）。家具や壁紙に使う接着剤や塗装が主な原因である。現在では、基準が定められ管理されるようになり改善しつつある。

4.2.5 自動車排ガス

自動車は、現代物質文明の象徴的な存在で、20 世紀に急速に普及し、その勢いは途上国や新興国で今もつづいている。世界で 4 輪車は 11 億台超、2 輪車は 3 億台程度ある。これら自動車のほぼすべての燃料が石油に由来するガソリンや軽油なので、燃焼排ガスに含まれる一酸化炭素，NO_x、炭化水素が大気中に排出される。そのため、長年にわたって対策がとられ、自動車の排ガスは図 4.3 に例示したように格段に改善された。そして今も各種の対策が強化されつつある。現状と将来予測に関する環境省のデータを**表 4.1** に示す。

表 4.1 日本における自動車からの総排出量と将来予測（万トン，環境省）

	炭化水素	一酸化炭素	NO_x	PM
2012 年	11	128	52	2.1
2020 年	4.2	60	22	0.5

NO_x、PM は、ディーゼル車の寄与が半分を超える。

以上のほかに、化石燃料の燃焼にともなって必然的に生成する二酸化炭素の排出が、地球温暖化問題と関連して大きな問題である。自動車から排出される二酸化炭素排出量は、世界全体の二酸化炭素排出量の約2割に達する（第13章）。自動車燃料の利用効率を表す燃費（燃料単位量当たりの走行距離）の向上は、二酸化炭素排出量の削減に貢献するが、現在、燃費は着実に向上しつつある。なお、第13章で述べるように、燃料の節約には、必要以上に大型の自動車を使わないことや公共交通機関の活用が有効である。

4.3　気候変動と異常気象

気候とは長期間にわたる大気の平均的な状態で、その状態の変動が**気候変動**である。変動の時間軸は数十日（季節の変化）のものから数万年（氷期、間氷期のサイクル）のものまである。気候、気象、天候、天気は、時間軸、空間軸のとり方が異なり、一般に後者ほど小さい。ただし、明確な定義があるわけではない。

他方、**異常気象**とは、気象が平均的な状態から大きく外れる現象で、数時間の大雨や強風から、数か月にわたる干ばつや冷夏まである。異常気象は気象の揺らぎであり、それ自体に特別な問題があるのではなく、その頻度や強度が顕著に変化する場合に問題になる。

気候変動や異常気象を論じるには、それ相応の長期間にわたるデータを比較することが必要である。

4.3.1　気候変動

地球温暖化（註1）に関して、過去約30年間にわたり世界的に活発な議論があり、さまざまな対策がとられてきた。パリ協定の合意（COP21, 2015年12月、註2）により、対策はさらに強化され新しい段階に入るものと予想される。

しかし、20世紀半ば（1940〜1970年）に地球平均気温が低下したときは、地球寒冷化騒動があったそうだが、そのカラ騒ぎを繰り返すことは避けたい。

といって、対策が不十分で後悔することになっては困る。21世紀末を迎えたとき、人類は、21世紀初頭（つまり現在）を振り返って、昔の人はよくやったと称賛するのだろうか、それともカラ騒ぎをしたと慨嘆するのだろうか（図4.10参照）。

ここでは、過去の気候変動とその原因そして将来予測について、基本的な知見をできるだけ客観的に紹介する。それをもとに自ら判断することを読者にお願いしたい。

まず、気候変動の焦点である地球温暖化を理解するには、(1) **温室効果ガス**による地球温暖化のメカニズム、(2) 温室効果ガスの濃度変化、(3) 過去の地球気温の変化、(4) 温室効果ガス以外の気候変動要因を知る必要がある。

註1) **地球平均気温の求め方**　現在、世界の約6,000か所の観測データをもとに算出されている。これは、時代による観測法、測定点の変化の影響を受ける。1980年頃からは人工衛星の観測データもある。**ヒートアイランド現象**（人間活動のエネルギー排出により大都市の温度が高くなる現象）の影響は補正したとされる。

註2) **COP (Conference of the Parties)**　COPは条約締約国会議のことである。ここでは、**気候変動に関する条約**（**地球温暖化防止条約**）の締約国。毎年会合があり、1997年京都で第3回会議が、2015年パリで第21回会議が開催された。

---

1) 温室効果の原理

温室効果ガスによる地球温暖化の基本原理を簡単なモデルで説明しよう。地球に降り注ぐ**太陽エネルギー**は紫外線と可視光線が多く（波長分布は太陽表面の温度6,000℃で決まる）、地表は、この光を吸収して暖まってから再び宇宙へエネルギーを放出するが、これは主に赤外線である（波長分布は地表温度で決まる）。そして、地表は、地球が放出するエネルギーと入射する太陽エネルギーとがバランスする温度に落ちつく。

このとき、大気中に二酸化炭素、水蒸気、メタン分子などの温室効果ガスが存在すると、これら分子が地表からの赤外線を吸収し、そのエネルギーの半分を地表へ戻し、残り半分を宇宙に放射する（全方向に均等に放射）。**図4.4**は、人工衛星で観測した地球から放射される光のスペクトルを模式的に示したものである。温室効果ガスがなければ滑らかな包絡曲線（黒体輻射スペクトル）に

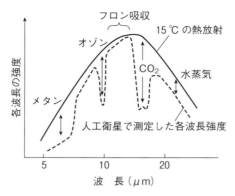

図 4.4 地表から宇宙へ放射される光のスペクトル
人工衛星により大気上端で観測されたスペクトルと地表温度の理論的黒体放射スペクトル。

なるはずなので、図に見られる多数の凹みが温室効果ガスの吸収を示す。

図 4.5 の簡単なモデルを使って地表におけるエネルギー収支を考える。入射エネルギーと反射エネルギーがバランスして等しい定常状態の場合（実際、ほぼ等しい）、次の式が成り立つ。

$$\pi R^2 S_0 (1-A) = 4\pi R^2 \varepsilon \sigma T_\mathrm{S}^4 \tag{4.3}$$

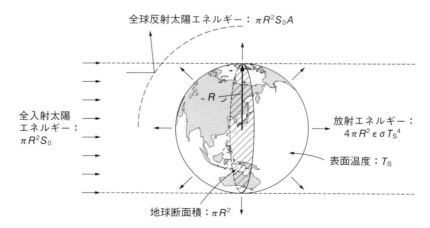

図 4.5 地球温暖化のメカニズム（単純化したモデル）（御園生, 2007）

左辺は、太陽から地表へ入射するエネルギーで、地球断面積（πR^2）と太陽エネルギーの面積当たりの密度に比例する。太陽光の約30％は反射されそのまま宇宙へ向かい、残り約70％が地表へ到達する。つまり、**全球平均反射率**（アルベド）$A=0.3$。Rは地球の半径、S_0は**太陽定数**（地球の上空へ届く太陽エネルギーの面積密度）。

右辺は地表から宇宙へ放射されるエネルギーである。地表からの放射エネルギーは地表温度で決まる**黒体輻射エネルギー**（σT_S^4；σはステファン-ボルツマン定数、T_Sは地表温度）で、この値から、温室効果ガスに吸収されて地表へ再び戻ってくる分を差し引いた値に、地球表面積（$4\pi R^2$）を掛けたものが、正味の地球から宇宙へ放射されるエネルギーである。ここでは、地表へ戻らず宇宙へ放射する割合をひとまとめにしてεで表している。したがって、温室効果ガスが増えるとεが小さくなり、その結果、宇宙へ放出する正味のエネルギーが減って（地表に貯まるエネルギーが増えて）地表温度が上昇する。εは現在0.6程度とされる。

4.3式を書き換えた次式から分かるように、εの4分の1乗に反比例してT_Sが低下する。

$$T_S^4 = S_0(1-A)/4\varepsilon\sigma \tag{4.4}$$

もし、$\varepsilon=1$（温室効果ガスが存在せず、地表からの放射エネルギーがすべて宇宙へ逸散）、$A=0.3$の場合、$S_0=1.37\times10^3\,\mathrm{Wm^{-2}}$、$\sigma=5.67\times10^{-8}\,\mathrm{Wm^{-2}K^{-4}}$を代入すると、$T_S=255\,\mathrm{K}$（$=-18\,\mathrm{℃}$）となる。現在の地球の平均気温288 Kより約30 K低い。温室効果があるおかげで（εが0.6なので）、地表が約15℃になり生物が棲める。以上は、非常に簡単なモデルによる説明なので、詳細な議論はできないが、温室効果の本質は理解できよう。

温室効果は気体の種類によって異なる。二酸化炭素の温室効果を1としたときの、ほかの温室効果ガスの相対的な温室効果（同じ濃度で比較）を**地球温暖化係数**というが、メタン25、亜酸化窒素298、CFC（フロン類。分子種で異なる）10〜10^4と見積もられている。温室効果の大きさは、この値と大気中の濃

度で決まる。水蒸気の係数はないが、その温室効果は二酸化炭素の約4倍あると推定されている。

2) 気候変動に関する見解の乖離

現在に至る気候の変化についても、将来の予測についても、さまざまな異なる見解が出されている。とくに関心が高い産業革命以降から現在に至る地球の気温上昇の原因に関して、見解は次の二つに大別される。なお、19世紀末からの測定値の信憑性についてもかつて議論があったが（"Climategate"事件。註3）、ここでは、IPCC（気候変動に関する政府間パネル）や気象庁のデータに従う。

第1の見解は（かりに人為派とよぶ）、人間活動の影響を重視するもので、IPCCが中心である。この見解は、地球平均気温は、19世紀から上昇し20世紀後半に顕著に上昇したとする（註4）。20世紀の100年間で0.6〜0.7℃上昇した。そして、20世紀後半の気温上昇は、ほぼ間違いなく、人間活動の急拡大にともなって排出された温室効果ガス（二酸化炭素が主）の急増が原因だと主張する。

註3）2009年、IPCC報告に影響力のある有力なイギリスの気候研究所の内部情報が流出した事件である。その中に気候データを恣意的に処理あるいは歪曲した疑いが持たれる部分があり、世界的な論争になった。IPCCが有識者に依頼して調査した結果、大筋の結論に問題はないとされた。

註4）新聞報道によれば、IPCC関係者は、産業革命頃から20世紀末までについても、気温は単調に上昇し、それが人為的な温室効果ガスによると主張している。少なくとも当初はそう主張していた。しかし、IPCC報告の「要約」に述べられているのは20世紀後半についてだけで、それ以外については明言していない。実際、20世紀前半から中盤については、シミュレーション結果が測定値を再現しているとは断定し難い。

図4.6は、第5次IPCC報告書（5IPCC, 2014）で証拠として示されたもので（4IPCC, 2007もほぼ同様）、この図をもとに、20世紀後半の気温上昇は、人間活動が主因で、自然要因は非常に小さいと結論している。すなわち、「20世紀後半に観測された気温上昇は、自然変動だけを考えたシミュレーションでは再現できないが、人為起源の温室効果ガスを加えたシミュレーションにより初めて観測結果とよくあう。」

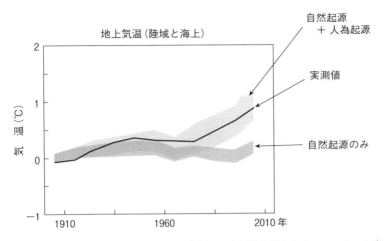

図 4.6 地球温暖化のシミュレーション—実測された平均気温とシミュレーション結果（気候モデルにより違うため幅がある）の比較（1900–2010）（5IPCC）

なお、IPCC 報告の全体は膨大なので、ここでの議論は IPCC 報告の「政策決定者向け要約」とこれに関連するいくつかの解説書を参考にした。この「要約」は国際政治による調整の産物であるが、それには、「人類が排出する二酸化炭素などの温室効果ガスが前世紀より増加し、地球温暖化が起こっている。したがって、人為的な二酸化炭素の排出を大幅に低減して、21 世紀末までの気温上昇を 2 度以下にすべきである」とある。しかし、元来、IPCC は、科学的成果のとりまとめが目的なので、報告書本体で気温上昇の許容限度について断定しているかどうかは分からない。

もう一つの見解（自然派）は、気温上昇の主因が、過去に見られる自然変動のつづきであると主張する。これは赤祖父俊一氏に代表されるもので、伊藤公紀氏、丸山茂徳氏も自然変動を重視する。渡辺正氏も人為説に強い疑念を表明している。温暖化の議論は、IPCC 報告つまり人為派の見解をベースになされることが多いが、自然派にも傾聴すべき点が多い。

赤祖父氏によれば、1880 年以降の気温上昇は、16、17 世紀にあった地球の小氷期（英国のテームス川の凍結や日本の諏訪湖の御神渡り早期化の時期）か

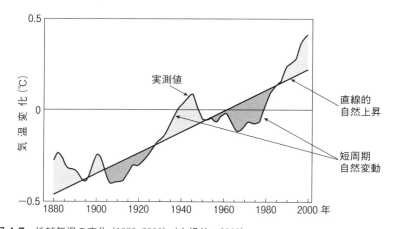

図 4.7 地球気温の変化（1880-2000）（赤祖父，2008）
　自然変動による小氷期からの直線的上昇に、同じく自然起源の周期的変動（正負）を重ねると、観測結果（曲線）が説明できる。図4.9, 4.10 参照。

らの緩やかな気温上昇が主要な過程である。地球の平均気温は 18 世紀ごろから約 0.5 ℃/100 年の速度で上昇している。そして、「19 世紀末からの気温変化は、この直線的変化に数十年周期で起こる別の自然変動が重なったものとして理解される（**図 4.7**）。」数十年周期の気温変動の原因には、太陽活動の変化（黒点）が考えられる。ただし、黒点の周期はほぼ 11 年。

　これらの変動は、人間活動による二酸化炭素排出が増加した時期よりも以前から存在するので、その主因は人為的なものではなく、自然変動である。自然変動の原因には、太陽の活動（活発な時に増える黒点や太陽風）、地球の公転や自転の変動（**ミランコビッチ・サイクル**（註5））、火山活動などがある。

註5）ミランコビッチ・サイクルは氷期の周期的発現を説明する仮説。(1) 地球公転軌道の真円からの偏り（離心率）の変化（約 10 万年周期）、(2) 地球自転軸の歳差運動（約 2 万年周期）、(3) 地球自転軸の傾きの変化（約 4 万年周期）と、地表との相互作用が複合して、氷期、間氷期が周期的に訪れるとするもので、実際とかなりよくあうとされる。

　人間活動とりわけ産業革命の気温上昇への影響がいつ頃からあると考えるべきであろうか。世界のエネルギー消費が増加しはじめ、その相当部分を石炭が

担うようになったのが18世紀なかばと推定されるので、それ以前は産業革命の影響はまずない。石炭、石油の消費により、二酸化炭素の排出が急増したのは1950年頃である（図13.1参照）。したがって、影響が出るのが18世紀末からで、影響が顕著になるのは1950年以後ではないだろうか。18、19世紀の信頼できるデータが望まれる。

　赤祖父氏の評価では、20世紀後半は人為的な原因も寄与しているが、19世紀以降の自然現象による直線的気温上昇が0.5℃/100年、20世紀の気温上昇が0.6～0.7℃/100年なので、人為起源の影響は全体の1/6（から2/7）程度にとどまる（図4.7、図4.9参照）。今後の予測はされていないが、将来の課題は地球温暖化よりむしろエネルギーと食糧であるとした。丸山氏は、将来の気温低下を心配している。

　両見解の一番の違いは、20世紀全般にみられる気温上昇を19世紀以降の産業革命の発展によるとみるか（人為派）、16，17世紀の小氷期からの回復期とみるか（自然派）という点にある。これに加え、20世紀中盤（20～30年間）の気温下降を、過去からあった短周期の自然変動とみるか（自然派）、そうでないとみるか（人為派。「要約」には説明がないが、火山活動や測定法の変更が考えられる）の違いがある。

　問題解決のヒントは、IPCCが採用した多くの気候モデルの中で再現性が良好なものを採用し、1900年を初期条件に選んで、(1)18，19世紀の気候変化（図4.9のようにバラツキがあるが）と、(2)20世紀全体の気候を計算して観測データと比較してみれば得られるのではないか。以下に述べる太古からの気温変化を考えると、著者には自然変動の寄与が相当あるように思える。

　なお、5IPCC報告によると、放射強制力（気温の変化を起こす効果を放射エネルギーの収支で表した人為的起源の地球温暖化効果）は、二酸化炭素が最大で、メタン、ハロカーボン類がこれにつづく。水蒸気の放射強制力は示されていないが、水（雲など）、水蒸気には正負の効果があり、総合すれば温室効果は小さいとしている。

3) よくある誤解

気候変動とその原因を考える前に、地球温暖化に関する明らかな誤解に改めて注意を喚起しておきたい。一時、身の回りの不都合な現象を何でも地球温暖化のせいだとする言説が新聞やテレビによく登場した。その後、この手の誤解は影をひそめていたが、最近になってまた流行の兆しがある。

たとえば、

(1) 地球温暖化を肌で感じるという人がいる。しかし、それはありえない。地球の平均気温上昇は1年間で0.01℃程度である。毎日毎年の気温変化が10℃以上あるなかで、0.1℃以下の変化を肌で感じることはない。とはいえ、大都市の気温が上昇しているとは感じる。これは、大都市特有のヒートアイランド現象と日本と世界平均の違い（地域的偏り）が重なったもので、地球全体で起こっている現象ではない。

(2) 氷河が崩落する写真や氷河が後退する話題がよく出る。しかし、これは温暖化のせいばかりとはいえない。氷河は川であり、氷河が流れて崩落するのは当たり前の自然現象である。また、氷河の後退には、19世紀以前に始まったもので、近年の地球温暖化と無関係なものが少なからずあるという。

(3) 海面の上昇により、南洋の小さい島々が水没の危機にあるという記事や映像をよく見る。地球温暖化のせいで海水面が上昇したためだという。しかし、これもありえない。20世紀の平均の海水面上昇は、100年で20センチメートル、10年に2センチメートル以下。干満の差が数メートルに達するのにくらべれば、さざ波程度でしかない。水没の本当の原因は、おそらく、地盤沈下か土地の乱開発かあるいは高波であり、地球温暖化とは無縁であろう（杉山, 2014）。

4) 過去の気候変動－測定値と推定値

まず、過去の気温変動をいくつかの図を通して俯瞰的に眺めてみよう。とくに、図の横軸（時間目盛）の違いに注意していただきたい。ただし、古い時代は、氷床中の気体分析、年輪の解析、古文書の記述からの推定値である。また、データが地球全体の代表としてよいものかという点にも注意を要する。現在も気温

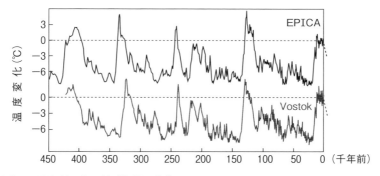

図 4.8 45万年前からの地球気温の変化
　南極氷床のコア中の気体分析による（EPICA と Vostok は 測定地点の名）。この変化は地球上の大半で起こっていたと考えられている。気温の低い期間が氷期、その間の気温が高いやや短い期間が間氷期である。

が上昇する地域と低下する地域が地球上に共存している。

　地球は、46億年前の誕生以来、劇的な気候変動をたびたび経験した（第1章コラム参照）。最近の数十万年を見ても、**図 4.8** にあるように約10万年を周期とする数回の**氷期**と**間氷期**があり、約10℃の変化がみられる（氷期・間氷期サイクル）。面白いことに、大気中の二酸化炭素濃度にもほぼ同じ周期の変動がある（後述）。最終の氷期は約1万年前に終了し、人類はその後の温暖な気候の恩恵を受けて文明を育てたことはすでに述べた。

　図 4.8 の横軸幅を数万年にした拡大データを見ると（図に示していない）、最後の氷期以降にも数十年周期と千年弱周期の数℃程度の気温変動が多数あることがわかる。当然ながら推定値にバラツキはあるが、問題にしている 16, 17 世紀の小氷期は、この変動の一つと考えられる。

　温暖化により氷河が解けた時代には海面が大きく上昇した。「**縄文海進**」とよばれる気温の高い時期には（約 6000 年前）、日本付近の海面は今より数十メートル高かったという。実は、世界全体では海面が百数十メートル上昇したのだが、ちょうど日本列島が隆起した時期なので、日本はこの程度の海面上昇ですんだという考えもある。この時代、関東平野の半分は海の底にあった。

　地球温暖化問題に関係の深い紀元 900 年から今に至る気温変化について、米

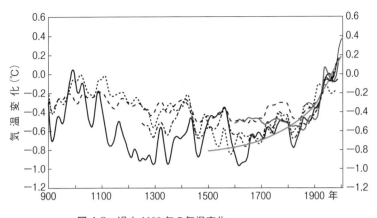

図 4.9　過去 1100 年の気温変化
(7 つの推定例。米国科学アカデミー，2006)

国科学アカデミーがまとめたものを**図 4.9** に示す。この作業の契機となったのが、1998 年のマン (Mann) らの報告である。気温が 900 年ごろから単調に緩やかに低下した後、20 世紀になって急激に上昇したとする。その形から**ホッケー・スティック曲線**とよばれ、いかにも近年の人間活動の急拡大により気温が上昇したように見えたため、3IPCC 報告で重要な役割を果たすなど、地球温暖化論争の主役の一つとなった。

ところが、その後、この報告にはいくつかの深刻な誤りが指摘された。そこで、米国科学アカデミーが、地球温暖化の議論を適正化するため、既往の報告の中から比較的信頼性の高いものを集めてまとめたのが図 4.9 である。まずは研究者によりかなりバラツキがあることに驚く。そして、上述のホッケー・スティック曲線も図に含まれているものの交錯する多くの曲線の中に埋没して、その存在はよく見えない。また、4IPCC 以降はこの曲線は登場していない。

この図から全体の傾向を導き出すのは容易ではないが、紀元 1000 年前後に気温の高い時期があり（中世温暖期）、いったん気温が低下した後（16, 17 世紀の小氷期）、1800 年頃から再上昇し始めている傾向が読み取れるのではないだろうか。ただし、そう読み取るか否かも見解が分かれる要因の一つである。

20 世紀中の変化を**図 4.10** に示す（毎年の変動が大きいので、前後 5 年計 10

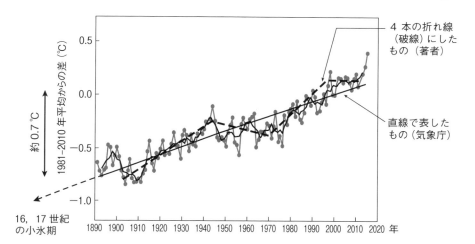

図 4.10 20世紀の地球平均気温の変化（気象庁ホームページの図を改変）
点は年平均値、実線は10年平均値。1本の直線で近似したものと4本の破線で近似したものが加えてある。

年分の変動を平均して表示し長期の変化を見やすくしたものが10年平均）。全体の変化を直線で近似したものが加えてあるが（気象庁ホームページ図）、この図の変化をよく見ると、おおよそ4本の折れ線からなることが分かる。つまり、1900年から1940年頃まで上昇（30〜40年間）、1940年頃から1970年頃は下降（20〜30年間）、そしてその後2000年頃までの再上昇である（30〜40年間）。そして、2000年からしばらく停滞ないし下降していた（約15年間）。2014〜16年は再上昇したが、数年の変動だけで今後の長期変化を議論することはできない。2000年までの変化は図4.7の実測値に対応している。

5) 過去における気温以外の変化

5IPCC報告は、1950年以降、気温、大雨、干ばつなどの異常現象の強度や頻度が増えたと述べている。しかし、異常気象は、4.3.2項に述べるように、若干の兆候はあるものの明確ではない。

世界の平均海面水位は徐々に上昇している（前述）。海水温上昇による海水の膨張と陸地からの雪氷の流入によるとされる。しかし、その変化は、既述のように、波の高さや干満の差にくらべると非常に小さい。

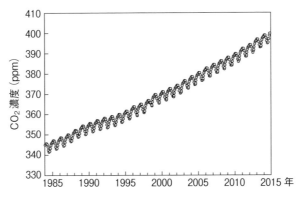

図 4.11 大気中の二酸化炭素濃度の変化（1984-2015）（気象庁ホームページから）

　北半球の積雪面積は徐々に減少している。北極海の海氷面積は、もともと季節変動が大きいのだが、全体として少しずつ減少する傾向にある。この原因として5IPCC報告は地球温暖化を示唆している。ただし、南極では雪氷が増加したとの報告がある。

　大気中の二酸化炭素の濃度は、1900年から2015年まで毎年の季節変動を繰り返しながら（植物のライフサイクルによる変動。二酸化炭素濃度の短い応答時間は注目される）、300 ppm弱から400 ppm超に増加した。1984～2015年の変化を**図 4.11**に示す。大昔には、二酸化炭素の濃度が今の10倍あったそうだが（その頃は気温も海面も高かったらしい）、1万年前から19世紀に至るまでは300 ppmを越えず、産業革命以前の1000年間は、270～290 ppmでほぼ一定であったと推定されている。したがって、近年の濃度上昇が顕著であることは確かである（長期の変化は第13章参照）。

6) 過去の気温変動の原因と未来予測

a. 過去の気温変動のまとめ

　過去には大きな気温変動がたびたびあった。10℃程度の気温変化をともなう約10万年周期の氷期・間氷期サイクルがあり、これとともに、大気中の二酸化炭素濃度も変化した。両者はほぼ同期しているが、どちらが先行し、どちらが原因なのかについて結論は出ていない。今後も、このサイクルが繰り返さ

れるとすれば、今は、変動しながら次の氷期（10万年後？）に向かう長期的な気温下降の途中ということになる（図4.8参照）。これらは自然要因による変化である。

最後の氷期以後（つまり間氷期）にも自然要因による小変動が多数ある。中世温暖期（5IPCC報告は懐疑的だが、おそらく存在した）とその後の小氷期（16, 17世紀。存在はほぼ確か）はそれらの小変動の一つである。19世紀頃からの地球気温の緩やかな上昇が、人為的原因なのか、それとも自然変動なのかで見解が分かれる。両方の要因とも気温上昇に寄与していると思われるが、その定量的な大小関係が問題である。

著者は、以下を理由に、20世紀における0.6～0.7℃の気温上昇のうち、自然要因が少なくとも半分程度あるものと考えている。まず、過去に見られた変動は将来も繰り返されるに違いないこと。つぎに、自然説（0.5℃/100年の直線的ないし放物線的上昇と±0.2℃の短期変動の重なり）は、半定量的であるものの、過去百数十年の気温変化を無理なく説明できることによる（図4.7, 図4.8, 図4.10）。

赤祖父氏は、20世紀の気温上昇の大部分が自然変動によるとしているが、自然変動の見積もりには誤差があること、20世紀後半に限ると二酸化炭素の影響が大きくなっている可能性があることを考えると、自然変動の寄与を半分程度としておくことが妥当であろう。

他方、シミュレーションを基礎にした人為説は、1950年前後と直近との2回あった気温停滞を合理的に説明できない。1950年頃からの二酸化炭素排出量の急増（第13章図13.1）と気温変化（図4.9, 4.10）の間に相関がみられないことも、人為起源だけが支配的な原因とは考え難い理由である。19世紀以前についてのシミュレーションがあると面白いのだが（前述）、その試みは寡聞にして知らない。

太陽活動の盛衰（黒点や入射光強度）と気温の間に見られる強い相関は、気候変動のすべてを説明できるわけではないが（これはほかの仮説も同様）、注目すべき事実であり、自然変動の重要性を示唆する。もうひとつ忘れてならな

いのが水蒸気と水の影響である。水蒸気の温室効果は最大で、その濃度は変動する。また、寒冷化効果があるとされる局所的な雲などの発生がある。これらを粗いメッシュ（100 km^2 格子）のシミュレーションでどのように処理できたのか、どうも判然としない。

b. 未来予測

5IPCC 報告で予測された 21 世紀末（80 余年後の未来）の気候がしばしばマスメディアを賑わせる。これは、IPCC がコンピューターシミュレーションの結果をとりまとめたものである（註 6）。5IPCC 報告にあるシミュレーションで想定された未来シナリオ群は、二酸化炭素濃度の変化の程度を変えたもので（高位参照、高位、中位、低位の 4 つの代表的濃度経路）、4IPCC 報告と異なり社会経済的な変化に直接的にはふれていない。

註 6) IPCC では、20 の機関による 40 の気候モデルのシミュレーション結果を図 4.12 のようにまとめた。図をみる限り、20 世紀後半については、シミュレーションの結果は、程度の差はあるものの実測された気温上昇の傾向とほぼ合っている。しかし、19 世紀末から 20 世紀半ばにかけての観測データを再現しているかどうかは判然としない。少なくとも、20 世紀における二度の気温停滞をシミュレーションが再現したとはいい難い。

また、数多い気候モデルの中で、どのモデルの再現性が良かったのかが分からない。再現性の良いモデルを採用して将来予測をするのがよいのではないか。

これらシミュレーションによれば、21 世紀末には 20 世紀末にくらべて 0.3 〜 4.8℃上昇する。また、海水面は 0.40 〜 0.82 m 上昇する。ただし、第 13 章 2 節 5 項で述べるように、低位、高位参照シナリオの可能性は低い。

肝心の IPCC 予測の確かさであるが、これは二つの要因に左右される。第一は、コンピューターシミュレーションの信頼性である。その信頼性は、過去の観測データをどの程度再現できたかにより判定するしか検証法はない。個々の気候モデルの再現性についての詳しい検証が重要である。第二は、二酸化炭素排出量を左右する経済成長とエネルギーの低炭素化率など社会経済的要因の予測である。これらの予測はきわめて難しいが、地球温暖化の予測には不可欠である。

図 **4.12** に、IPCC がまとめた将来予測を示す。いうまでもなく、20 世紀後

4.3 気候変動と異常気象

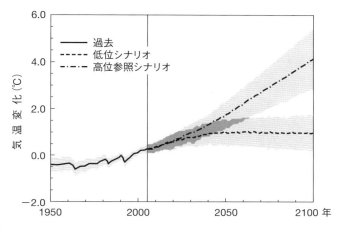

図 4.12 世界の平均地上気温の予測 (5IPCC)
　二酸化炭素増大が最大の高位参照シナリオと最小の低位シナリオ（どちらも、可能性は低い）。高位、中位シナリオは表 13.2 参照。

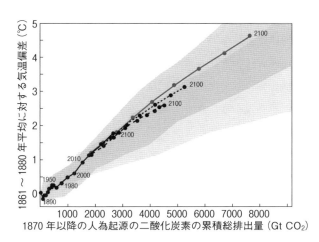

図 4.13 気温上昇と二酸化炭素の累積排出量 (5IPCC)
　4本の線は4つのシナリオに対応。

半の観測データに合わせるように調整して作られた気候モデルを 21 世紀に外挿した結果である。

5IPCC 報告によれば、人為的に排出した二酸化炭素の累積排出量と気温上昇との間に**図 4.13** に示す相関がある。この図のはじめの 2010 年までが観測データである。それ以降は、二酸化炭素を気温上昇の主因とした気候モデルによる計算値であるから、二酸化炭素排出量と良い相関があってむしろ当然であろう。

c. まとめ

これらの予測をもとに、気温上昇を抑制する手段（緩和策という）や気温上昇による各種被害を低減する手段（適応策という。註7）を論じることになる。対策については第 13 章で考察する。

註7) 5IPCC 報告で予想された気候変動による被害は、海水面上昇による一部地域の水没、生態系の変化（北へ移動。感染症領域の拡大）、農耕・生活適合地域が現在の温暖地域から寒冷地域へと移動、気候変動（異常気象の頻度および強度）の増大などである。これに対して日本政府は、品種改良、堤防整備、健康管理などを含む国家戦略「適応計画」を発表した (2016 年)。

しかし、気候は、膨大な数の要素が複雑に絡んだシステムで、未解明の部分が多い。数年先の天候の予報もそうは当たらないことを思えば、超長期の予想が困難なことは想像に難くない。まずは、気候の科学が、伸びざかりではあるもののまだ若い学問であり、地球温暖化について断言するには力不足であることを認める必要があろう。そして、相当の不確実性があることを前提に、気候変動のリスクとその対策を考えるべきである。結局、予知は困難だとわかった「地震予知」の二の舞は避けたい。

この問題で科学者が果たす役割は非常に大きいが、政治と国民感情の強い影響のもとで、科学者がその責任をしっかりと果たせるか大いに危惧される。科学者は、分からないことを分かったように発言したり、いたずらに不安を煽ったりしてはならない。分からないことや不確実なことをありのまま正直に社会に提示することが、科学者倫理の基本である。

4.3.2 異常気象

1) 最近の気象は異常か

豪雨にともなう大洪水や土砂崩れ、熱波、干ばつによる人命被害、森林火災、農産物の被害が、世界でも日本でも多発している。そして、これらは**異常気象**が原因であり、この傾向が今後ますます強まるのではないかと懸念する人もいる。定義によると、異常気象とは、平均からかけ離れた気象で、過去25〜30年に一度は起こるものである。それ以下の頻度なら起こっても異常気象とはいわない。

最初に、ここ数十年の気象災害に関する国際気象機関（WMO）の総合的な報告（2013）を紹介しておこう（気象庁：異常気象レポート，2014）。そこには、「過去10年（2001-2010）とその前の10年（1991-2000）で発生した気象被害を比較すると、熱波による災害が増大し、洪水や大雨による災害が減少している。全体としては最近10年間のほうが、災害による死者が多くなった（+20%）。しかし、それらの気象災害に関する変化は、異常気象の頻度や強度の増加に起因するものではなく、異常気象にさらされる人や財産が増加していること、より多くの災害が報告されるようになっていることが要因である」とある。

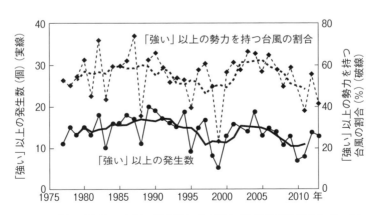

図4.14　「強い」以上の台風の発生数とその割合（気象庁異常気象レポート）
太い実線は5年移動平均。

このWMOの総括により、異常気象がそれほど深刻化しているわけではないことが分かる。この間、日本の気象災害でも増加傾向は確認されていない。

　気象庁の報告によれば、20世紀以降（1901-2013）の世界の平均気温はわずかずつ上昇しているが、異常気温の発生頻度と強度が変化したとは断定できないという。また、過去の世界の降水量にもIPCCが推定する増加傾向は見出せない。日本でも、気温の緩やかな上昇以外には、降水量などの長期的な変化は確認できない。**図 4.14** に示すように、1977年以降は、台風の発生数や強い台風の割合にも大きな変動はない。むしろ 2000 年代はわずかに減少する傾向がある。

2) 今後どうなるか

　地球の温暖化により異常気象が増加するとの予測はあるが、観測データが不足してまだ確かなことはいえない。結論を出すのは、長期の観測を待つことにして、今は、いたずらに異常気象を恐れるよりも、大雨や高温などによる災害を軽減する防災対策を着実に進めるほうが賢明であろう。"異常気象"の被害が疑われるものの中には、開発を拙速に進めて、安全対策が後手に回ったために、被害が拡大した例が少なくないからである。

第 5 章　土地・水・生物

5.1　土地とその利用

5.1.1　地殻と土壌

1) 地　殻

　地球の半径は約 6,400 km、表面を覆う**地殻**の厚さは 30〜100 km（平均約 35 km）。地殻は地球の半径にくらべると非常に薄い。地表の面積（5 億 km^2）の約 7 割は海、残り約 3 割が陸地で、陸地の形は、陸地の移動と火山活動、そして雨、川、海などによる浸食、流出した土砂の堆積で決まる。陸地は平均で海抜 0.8 km 弱、海の深さは平均で約 4 km ある。最高はエベレスト（チョモランマ、8,848 m）、最深がマリアナ海溝の約 11,000 m である。

　地球の構造（断面図）を単純化して**図 5.1** に示す。地殻のすぐ下には、**マントル層**という高温の岩石層（固体）がある。地表は、地殻とマントル上部からなる**プレート**とよばれる 10 数枚の広大な岩盤の寄せ木細工で、各プレートはマントル上に浮いて年間数 cm 移動している。たとえば、太平洋プレートは、

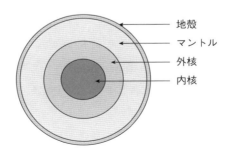

図 5.1　地球の内部構造（断面図）

太平洋東部の海嶺山脈に沿ってマントル層から湧き出し、長距離を移動して太平洋西部の海溝部へ沈み込む。

プレートテクトニクスは、プレートの運動を体系化した学説で、20世紀初頭の大陸移動仮説が1970年代以降の深海探査により科学的な根拠を得たものである。日本列島は、4つのプレート（太平洋、ユーラシア、北米、フィリピン海各プレート）が衝突する境界に存在するため不安定で、その結果、地震多発国である。火山、温泉と関係の深いマグマは、地殻（プレート）中に生じる溶融状態の岩石で、マントルの影響により生成すると考えられている。

マントル層の内側には**地核**がある。地核は、液体の外核と固体の内核の二層からなり、ともに主成分は鉄とニッケルと考えられている。外殻は溶けていて、その対流運動が地磁気の源である。現在の地磁気の方向（NとS）は、地球の自転軸と約10度ずれているが、この方向は徐々に変化する。地中にある磁性鉱物の磁化の方向から、かつてNとSが反転していたことが分かる。反転の際には、磁場が弱くなって太陽風や宇宙線が地表近くまで侵入し、生物に大きな影響があるという。

2) 土 壌

地殻は、火成岩と変成岩からなる岩石層で構成されているが、地表付近の岩石は温度、圧力、水（特に酸性水）、微生物により風化する。風化、浸食により泥土となった地表近傍の岩石は、移動、堆積して堆積岩となる。地表の約80％が堆積岩で、その厚さが約5kmある。地殻は、酸素46.6％、ケイ素27.7％、アルミニウム8.1％、鉄5.0％、カルシウム3.6％（重量比）などの元素で構成される。

土壌は、泥岩（堆積岩の一種）など微粒子状鉱物の表面に、動植物、微生物やその死骸・分解物などおもに有機系物質が混ざって堆積したものである。土壌の性質は、原料となる岩石の種類とその地域の気候、植生、生物に依存する。とくに、微生物による有機物の分解が、土壌中の窒素、リン、硫黄の含有量を大きく変化させる。土壌は、植物生育の舞台として生物圏全体に大きな影響を持つ。

5.1.2 土地の利用状況

地表の陸地(約 1.5 億 km^2, $1\,km^2 = 100\,ha$(ヘクタール))のうち、森林が 30 % 弱、農耕地が 40 % 弱(牧場・牧草地が約 25 %、耕地・樹園地約 12 %)で、残りの約 30 % は荒地や氷河などが占める。耕地と農地は、ほぼ同じ意味に使われるので、ここではとくに区別をしない。

世界の耕地面積はわずかしか増えていないが、1940 年代からのいわゆる「**緑の革命**」とよばれる農業革命により、土地生産性(単位面積当たりの農産物収量)の改善が人口増加を上回ったため一人当たりの農産物は増えた。緑の革命とは、化学肥料(とくに窒素肥料)、品種改良、灌漑普及によるもので、約半世紀の間に、土地生産性が数倍に増えた。

穀倉地帯は、ユーラシアやアメリカ大陸の中緯度地域にあり、これら地域の土壌は有機物に富み、小麦やトウモロコシの栽培に適している。しかし、その全陸地に対する割合は 1 割程度しかない。それ以外は、乾燥地、酸性土、泥炭層である。

日本の国土 37.8 万 km^2 の利用状況を**図 5.2** に示す。農地は、4.5 万 km^2 あるが、過去 40 年で 2 割減少した。その原因は耕作放棄と他への転用がほぼ半々である。森林の割合が 3 分の 2 あり、世界平均の 30 % をかなり上回っていて、日本は世界有数の森林国である。とはいえ、林業が経済的に成立しにくいため管理が行き届いていないのが実情である。

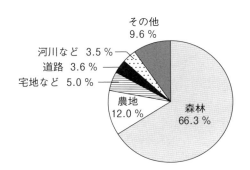

図 5.2 日本の土地利用(2012)

5.1.3 土地環境の諸課題

1) 土壌劣化

土地環境における最大の問題は、**土壌の劣化**、つまり、土地の植物生産能力の低下である。国連 FAO（食糧農業機関）によると、世界の土壌の 1/4 が著しく劣化した一方、改善した地域もかなりある。土壌劣化以外の土地劣化には、がけ崩れや土石流などの自然災害や開発にともなう景観の変質がある。

土壌劣化の原因は、水や風による自然的なもの（水食、風食）が大半を占める。水食は雨水や流水により土壌が散逸する現象で、風食は風による浸食である。人為的な劣化には、灌漑による塩類の集積や重金属、肥料、農薬に起因する汚染があるが、その面積は相対的に小さい。しかし、人間活動の視点で見た土壌劣化の原因を**表 5.1**に示すが、多くの場合、人間活動が土壌劣化の遠因になっている。

表 5.1 世界の土壌劣化の原因 (UNEP, 1997)

過放牧	森林伐採	農業目的	過剰開発	劣化面積計
679 (35 %)	579 (29 %)	552 (28 %)	133 (7 %)	1,964 万 km^2

2) 砂漠化

砂漠は降水量が少なくかつ蒸発量が大きい地域で、土地が乾燥して植生がほとんど育たない。砂漠などの乾燥地、半乾燥地における土地劣化を広い意味での**砂漠化**、また、砂漠面積の拡大を狭い意味での砂漠化という。日本砂漠学会によると、砂漠化（広義）の影響は陸地全体の 1/4 に及ぶという。これとは逆に、鳥取砂丘のように、緑化が外縁部から進行し観光資源である砂丘が減少して話題になった例もある。

5.2　水資源とその利用

5.2.1　水資源の現状と水の循環

地殻に存在する水の総量（貯留量 ＝ ストック）は、約 14 億 km^3 とされる（水

の 1 km³ = 10 億 kL = 10 億トン）。図 5.3 に示すように、全体の 97.5 ％ が塩水で、淡水はわずか 2.5 ％ である。しかも、人間が農業や生活などに利用しやすい河川や湖沼の淡水は、水全体の約 0.01 ％ に過ぎない。それでも、その総量自体は非常に大きい。この水が、蒸発、降雨、降雪を繰り返して、ほぼ変わることなく地表付近を循環する（フロー）。水は循環する間に浄化されたり汚染されたりする。

　地下水は、循環の速度も深さもさまざまであるが、人類にとって重要な水源の一つである。循環が非常に遅い"化石水"とよばれる巨大な地下帯水層が、米国中西部や南アメリカなどで利用されるが、化石水は補給が遅いので利用には適切な管理が必要である。

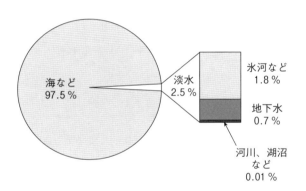

図 5.3　地球の水の量（14 億 km³）とその内訳

　世界の降水量は平均約 900 mm/ 年であるが、地域によって非常に異なる。赤道付近の南米アマゾンや南アジアのインドネシアのように降水量が 2,000 〜 4,000 mm/ 年で熱帯雨林が育つ地域から、アフリカ砂漠や中近東、中央アジアのように年降水量が 300 mm 以下しかない乾燥地まである。陸地の 4 割近くが乾燥地、半乾燥地とされる。

　雨（雪）の 20 〜 30 ％ が陸地に降り、その約半分が蒸発して残りの半分が地表水あるいは地下水として水資源になる。大気中の水の量を降水量で割ると、水は約 10 日間で一巡していることになる。

5.2.2 水の利用状況

　潜在的に利用可能な水の量を**水資源賦存量**というが（水資源量ともいう）、その量は、年間 $4 \sim 5$ 万 km^3（$40 \sim 50$ 兆 m^3/年）と推定される。これは、陸地の降水量から蒸発量を引いたもので、循環的に供給される量である。水資源賦存量のうち人類は約 10 % を直接的に利用している。

　世界と日本の水資源賦存量と利用状況を表 5.2 に示す。世界の水需要は、生産および人口の増加、生活水準の向上にともない 20 世紀中に 7 倍近くに増加した。その用途は、農業用が約 70 %、ついで、工業用、生活用であるが、農業用水の割合が漸減、他の二つが増加する傾向にある。工業用水には海水や回収水も利用される。

表 5.2　世界と日本の水資源賦存量と利用状況

	水資源賦存量 km^3/年	水利用量 km^3/年	農業用	生活用	工業用
世界	45,000	4,000	70 %	10 %	20 %
日本	400	81	67 %	19 %	14 %

一人当たり水使用量　　世界；1,757、日本；3,223 m^3/年

　生活に必要な最低限の水量を一人一日 50 L とすると（20 L とすることもある）、世界の水供給可能量は量的に足りている。しかし、資源量も供給施設も地域間の格差が大きく、世界的にみれば多くの水不足の地域が存在する。これとは別の形の地域差もある。たとえば、淡水に恵まれない中東諸国では、利用する淡水の大部分は、豊富な石油を使った蒸留や膜分離によって淡水化された海水である。他方、イスラエルのように、国全体で自然水、回収水、海水を効率的に利用する総合システムを構築した国もある。

　飲料水は一日一人約 2〜4 L とされる。飲料水と食糧に含まれる水分が、便、汗、呼気を通して体から排出する水の量を補って、体内の水の量を一定に保つ。

5.2.3　日本の水資源とその利用

　日本の降水量は約 1,700 mm/年で、面積当たりでは世界平均より多く、雨

水に恵まれている。しかし、人口密度が高いので一人当たりでは多いほうではない。日本の水資源は、供給が降雨期（梅雨、台風）に集中し季節的に不安定なこと、河川が急峻で短いことなど、安定的な利用に不向きである。そのため、多くの地域でダムや貯水池による貯水が必要になる。また、森林、水田の持つ貯水機能も重要である。地下水の利用量は全体の約1割強を占める。

用途は、世界と同様、農業用が最大で、ついで生活用、工業用である。日本における工業用水の80％近くは回収再生した水で賄われている。

このほかに、輸入農作物（食用と飼料）の生産時に、輸入先において農作物の栽培時に消費される水が640億 m³ ある。これを仮想的水消費量（バーチャルウオーター）というが、これは、日本国内の農業用水の総量をやや上回る量である。仮想的水消費量が多いことは、それ自体は大きな問題ではないが、日本の水利用を考える際、国際的視野が必要なことを示している。

日本人一人の生活用水（家庭用水とホテル、オフィスなど都市活動用水）の利用量は約 300 L/日で、世界平均よりも多い。その多くは水道水として供給されるが、水道水の水源は、ダム、河川が約 75 ％、地下水が約 20 ％を占める。東京における生活用水の利用状況を図 5.4 に示す。風呂・トイレ・洗濯用に飲用水と同じ高品質な水道水を使用するのは、相当に贅沢なことかもしれない。ただし、水道水の一部は、老朽化した給水管により変質している恐れがある。日本人の飲料水は約 2 L/人・日で、その供給状況はおおむね良好である。

図 5.4　家庭用水の内訳（2015 年度、東京）
（東京都水道局『水の上手な使い方』より）

5.2.4　水環境の諸課題

水資源の課題とは、利用目的に適した水質（質的問題）の水を、需要を満たす量（量的問題）だけ、公平、安価、安定的、持続的、効率的に供給すること

である。需要には生態系や自然の保全に必要な水も含まれる。

1) 水の需給と水ストレス

水の需給がひっ迫している程度を**水ストレス**といい、水の需給を考えるときの指標としてよく使われる。ただし、水ストレスがある状態が、ただちに危機的状態ということではない。

水ストレスにはいくつかの定義がある。一つは、必要な水資源量の最低基準を年間一人当たり1,700 m^{3}と決めて、これを下回る場合は「水ストレスがある」状態、1,000 m^3/年を下回る場合は「水不足」の状態、さらに500 m^3/年を下回る場合は「極度の水不足」の状態という（表5.2参照）。この定義によると、現在、世界で約7億人が水ストレスがある生活をしている。ただし、この最低基準の設定には任意性がある。

利用可能な水量のうち、実際に取水利用している水量の割合をもとに水ストレスを定義することもあり、この比が0.4以上の場合を水ストレスがある（水不足）状態という。世界の1割弱が「水不足」の地域に住んでいる。世界の人口増加にともない、2003年から2025年で水需要は約1.4倍になり（UNESCO, 2003）、供給が水需要に追い付かない地域が増加すると予測されている。日本の水ストレスは、第二の定義で0.25と推定され水不足の状態ではないが、季節的にまた将来的に水不足になる可能性がある。

2) 安全な水と水質汚染

安全な水にアクセスできない地域の人口は約9億人、世界人口の約1割強にのぼると推定される。そのために死亡する子どもが年間180万人程度いる。一方、安全な水にアクセスできない地域の割合が、各種の活動により1990～2010年の間に半減したと国連の報告にある。なお、「安全な水にアクセスできる」とは、生活に必要最小限とされる一日20 Lの水が、1 km以内に確保されていることをいう。

過去に鉱業、工業の発達にともない河川流域が汚染した事例は多い。世界的に見れば、今でも有害物質による過酷な汚染箇所（河川、湖沼、土壌）が少なくない。このほか、肥料・農薬や家畜の廃棄物に由来する河川、湖沼の汚染も

ある。たとえば、赤潮は、肥料に由来する窒素、リンなどによる富栄養化が原因とされる。このほかに、バングラデシュのように、ほぼ全域にわたって自然の地層から流出したヒ素による被害がある例もある。

3) 地域間の水問題

水に関する国際紛争が多く存在する。国際河川はもとより、一国内でも、河川の上流と下流では利害が相反することが多い。たとえば、上流のダム開発、都市開発は、下流において水量の激減や洪水、土砂災害の多発をもたらす。また、ダムにより海岸へ移送される土砂の量が減って、海岸や湖の形状が変わることもある。国内にも三保の松原、天の橋立の例がある。

アスワンダム（エジプト）の功罪については今も議論があるが、ほかの有名な例に中央アジアのアラル海（湖）がある。1960年代、アラル海が水源とする二つの大河川に沿った広範な土地で、大規模な灌漑による農業開発が推進された。その結果、一大農業生産地が出現したのだが（1980年代にはソ連最大の綿花生産地になった）、他方で、アラル海に流入する水量が減り湖の面積が劇的に減少した。そのため、湖周辺の住民の生活が成立しなくなり、人口が激減した（高橋, 2012）。

5.3 生物圏

5.3.1 生物圏の構成

生物は、地圏、水圏、大気圏に分布して、物質の循環、エネルギーの移動に深く関わっている。ここでは、これらの生物群全体を**生物圏**とよぶ。生態系とは用語上の区別はとくにしない。

生物の分類には諸説があるが、そのひとつ、6界説では、細菌界（バクテリア）、古細菌界（メタン菌など）、原生生物界（褐藻、アメーバなど）、菌界（キノコ、カビなど）、植物界、動物界に分類される。既知の生物は150～200万種あるとされるが、未知のものを含めると、全体で1千万から1億種にのぼるともいわれる。はじめの4界に属する微生物はその種類も存在量も膨大で、物

質、エネルギーの生産者として、また、消費者として食物連鎖、生物ピラミッド（後述）を支えている。

5.3.2　生物圏と人間

人間は、穀物から炭水化物を摂取し、主に動物からタンパク質を得る。同様に、ほかの生物種の間にもさまざまな**共生関係**（註）がある。微生物から哺乳類に至る捕食・被食関係（**食物連鎖**）を**生物ピラミッド**といい（**図5.5**）、このピラミッドを登るに従い、特定の物質が蓄積、濃縮されることを**生物濃縮**という。ピラミッドの上にいくほど生物量（個体数×個体重量）は少なくなる傾向がある。

人間は、植林、養殖、栽培により生物量を増やす一方、森林伐採、狩猟、漁業により減らしている。牧畜は、家畜を増やすが牧草を消費する。

註）**共生**（Symbiosis）とは、2種類以上の生物が密接な関係を持って生活すること。双方が利益を得る**双利共生**、一方的に片方が利益を得る**片利共生**がある。アリとアリマキ、イソギンチャクとクマノミ、地衣類（藻類と菌類）など多くの例が知られている。生態系全体を共生関係としてとらえる考え方もある。

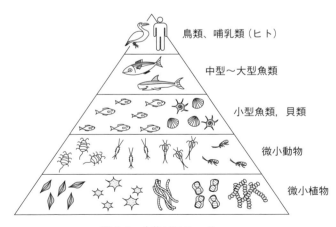

図5.5　生物ピラミッド

5.3.3　生物圏の環境課題

1) 生物多様性

生物種が豊かでバランスのとれた多様性を維持するために**生物多様性条約**がある。生物の多様性が必要な理由に関して、生物多様性それ自体が保護すべき自然の豊かさだと主張する人もいれば、多様性に富んでいることで生態系が安定化するから人間生活にとって有益であると考える人もいる。これは既述の環境保護派と環境保全派の関係（第 1 章 1 節"人間中心主義"参照）に似ている。多様性の急激な減少には誰もが反対するが、絶滅種を皆無にすることは不可能である。実際、絶滅する生物種はむしろ増えているという。

2) 森林減少

森林は、樹木あるいは竹が集団的にある程度の密度・高さを有して茂っている地域である。現在、世界の森林面積は、陸地の約 1/3 を占め、東アジアやヨーロッパ、北米では微増しているが、東南アジア、南米、アフリカの熱帯林が減少し、全体として毎年 0.3％ 程度減少している。

森林減少は、主として、木材の伐採速度に植林が追い付かないときに起こる。ヨーロッパも中国も近代になって森林は激減した。そのほかに森林火災も原因の一つである。かつて、焼き畑農業が森林減少の原因として批判されたこともあったが、現在では、現地住民による焼き畑農業はむしろ自然調和型の農業として評価されている。ただし、焼き畑農業も持続的といえるのは森林の再生が追いついているうちである。

森林には、水源の涵養（保水）、水や大気の浄化、地盤の確保、気温の短期的変動の緩和（水の蒸発熱などによる）など、環境の安定化に貢献する多くの重要な機能があるので、それが減少することは憂慮すべきことである。都市における公園、緑地、宅地の樹木や草も同様の役割を果たしている。

なお、前述のように、二酸化炭素が固定されるのは森林の成長分だけであって、成長が止まった森林では正味の固定化はない。

第 6 章　生活圏とその課題

6.1　生　活　圏

生活圏とは人間が活動する領域である。これまでに述べた各種の環境問題も、最終的には環境が人間にとって快適か否かという問題に帰着するので、広い意味で考えれば、すべての環境問題は生活環境の問題ともいえる（第1章1節"人間中心主義"参照）。

生活圏には、建築物、道路など目に見える構築物だけでなく、目に見えない通信・情報なども含めた人工的な環境がある。また、社会経済文化的な人工的環境も関わりが深い。さらに、自動車・電車による移動、オフィスにおける労働、自宅での活動・休息など、多くの人は一日の大半を室内や車内で過ごすので、室内、車内環境の空気汚染などにはおおいに注意すべきである。

もちろん、都市以外に住む人にとっては、水、土地、気象など自然環境のほうが重要であろう。これらは、都市に住む人に対しても、農業生産、水・大気環境、レクリエーションなどを通して間接的に大きな影響を与える。

6.2　人 口 問 題

6.2.1　人口の過去と現在

世界の人口は、18世紀の産業革命以降、劇的に増加した（第1章図1.1）。世界人口は、紀元元年頃から1,000年頃までは2～3億人程度であまり変わらなかったが、農業技術の進歩により19世紀のはじめに約10億人になった。19世紀には産業革命、農業革命が進み、欧州、アジア、アメリカで人口が増え、

20世紀はじめの世界人口は16億人になり、さらに20世紀末には61億人に達した。

国連の推計によると、世界人口は、2050年に97億人、2100年に112億人になり、その後はやや飽和の傾向を示す。今後の人口変化を地域的にみると、先進国では漸減し、アフリカ、アジアの人口が増加する。日本の場合、2006年をピークに減り始めて、2050年ごろ1億人を割り、2100年にはピーク時のほぼ2/3にあたる8300万人になると予想されている。これらのデータを**表6.1**にまとめる。

表6.1 世界の人口の推移と予測（中位）（億人）

	アジア	アフリカ	ヨーロッパ	日本	世界
1950年	14	2	5	0.8	25
2000年	37	8	7	1.3	61
2010年	42	10	7	1.3	69
2050年	53	25	7	1.0	97
2100年	50	44	7	0.8	112

過去の急激な人口増加は、農業技術、工業生産、医療・公衆衛生・安全などが改善して、出生率と平均寿命が増加したからである。たとえば、先進国の平均寿命は、20世紀中に約40歳から約80歳に延びた。人口増加の結果、第1部で述べたように資源、食糧、エネルギーの消費量が急増して、それらの安定供給と、結果として起こる環境悪化が人類の大きな課題となった。

平均寿命、年齢構成、消費資源量などには大きな地域差がある。アフリカなどの発展途上国は平均寿命が短く若年層が多い。日本は、最長寿国の一つとなり、平均寿命は83.7歳である（男子80.5歳、女子86.8歳、2015）。出生率の低下により少子高齢化が進み、労働力の減少、社会保障費の増加などの問題が起こっている。人口の推移は表6.1の通り。韓国、中国など東アジア諸国でも少子高齢化が急速に進んでいる（第2章4節"南北問題"参照）。

6.2.2 都市化問題

人口増加に伴う特徴の一つに**都市化現象**がある。都市の定義にもよるが、20世紀はじめに世界の全人口の一割以下であった都市人口は、現在では全人口の半分以上になったとされる。また、人口1千万人以上のメガ都市の数が、世界で21ないし31ある。31都市の場合の内訳は、アジア17、南北アメリカ6、ヨーロッパ4、アフリカ4である。このような都市化現象は、インフラ整備の遅れ、最貧層の増加、スラム化など多くの問題を起こしている。他方、適切な都市化は、エネルギー利用、物流、医療などの各種サービスの効率を向上するうえで有効である。

6.2.3 人口の見通しと諸課題

すべての環境問題の根源には、世界人口の急激な増加があるとの見方もできる。したがって、人口問題は本書の対象すべてに関わる。人口問題には、人口増加と人口構成・分布（年齢構成や地域間格差）の問題があるが、ここでは、人口の増加が引き起こす食糧とエネルギーの不足についてふれておく。

1) 人口と食糧問題

今後も増えつづける人口を賄うには、(1) 農業技術の大幅な改良と、(2) 開拓による農地の拡大、(3) 貯蔵を含む分配法の改善 しか方法はない。

川島博之氏は、農地のうちで、休耕地が世界で2割強あること、農業適合地で未開拓の地域が相当あること（たとえばブラジルのセラードとよばれる灌木地域）、「緑の革命」が普及していない土地が相当残っていることを考慮すると、これらに対策を施せば今世紀中の食糧不足は起こらないとしている。

食糧問題の解決には、貯蔵・運搬の過程で失われる、あるいは、食べずに廃棄される食糧の割合が多いことへの対策も欠かせない。これらによる損失は全体の半分近くにのぼるとされる。

また、食生活の改善も必要であろう。世界的に食肉の消費が増えているが、今の勢いで増えると、家畜に与える飼料が膨大な量になり飼料用穀物が不足する。家畜に餌を与えてもその一部しか食肉の増加につながらないので、たとえ

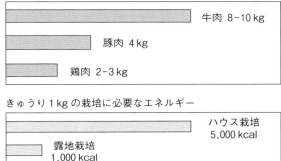

図 6.1 食生活とエネルギー
食肉生産における飼料必要量（上）と野菜生産におけるエネルギー消費量（下）。

ば、牛肉の場合、重量ベースで食肉量の 8～10 倍の飼料用穀物が必要である（**図 6.1 上**）。これは、食生活における趣向が食糧不足に深く関わることを示す例である。ただし、前記の川島氏によれば、飼料用穀物の代替として、農業副生物、たとえば大豆ミール（大豆油の搾りかす）の利用が有効で、量的にまだ余裕がある。大豆ミールの消費量は、すでに牧草より多く、飼料用穀物の消費量に匹敵するという。

食糧問題は、土地のほかに、エネルギーや水の消費とも関わっている。同じ野菜、果物でも、ハウス栽培のエネルギー消費は、露地栽培より一桁近く多い（**図 6.1 下**）。ハウス栽培の野菜、果物は、価格が高いだけでなくエネルギー消費が非常に多い。季節外れの野菜や果実を珍重するのか、エネルギー節約を重視して我慢するのかというバランスの問題になる。

食糧の環境負荷の評価に、エコロジカル リュックサック（製品が消費者に届くまでの全輸送距離と重量の大小により製品の環境負荷を評価）を指標として用いることもある。しかし、輸送距離は一つの要因であるとしても、それだけで総合的な評価をすることはできない。

2) 人口とエネルギー問題

人類が消費するエネルギー量が増加し、いまや、その持続的な供給が地球規

模の課題になったことは周知のとおりである。かりに、先進国の一人当たりのエネルギー消費量は今後増えないとしても、途上国のそれが増加し現在の先進国のレベルの半分に達すると、21世紀末には世界の総消費量は今の約2倍になる。その低減がさかんに論議されているのに、である。この問題は第13章で改めて議論する。

　また、消費エネルギーの80％以上が化石資源由来なので、資源の枯渇とともに燃焼により発生する二酸化炭素が問題になる。関連して、化石エネルギーを新しい再生可能エネルギーに早急に置き換えればいいと考える人が少なくないが、それにはけた外れのコストと時間がかかる。どの程度の量をどのくらいの速さで導入すべきかについては、第3部で述べるエネルギー資源の現状を踏まえて、第13章で議論したい。

第3部
エネルギー資源と材料資源

> ### 現実社会のエネルギーの流れ

　人類は膨大な量のエネルギーを使っている。世界で一年間に石油換算で130〜135億トンを消費する。国によって差があるが、平均すれば一人一日石油換算で5.0〜5.2 kg（約6 L）になる。そして、その量は今も増えつづけている（註）。

　第7章では、一次エネルギーと二次エネルギーの需給の現状と将来の見通しを説明した後に、主要な一次エネルギーについて要点を紹介する。エネルギーには、機械的エネルギー（運動と位置のエネルギー）、電気エネルギー、化学エネルギー（燃焼により熱や電気へ変換できる物質）などさまざま形態があるが、ここでは、この分類とは別の視点から現実社会で消費されているエネルギーの量と質を考える。

　註）近年、石炭、天然ガス、石油の消費量はいずれも増えている。これら化石エネルギーが8割強を占めるエネルギー総消費量は、過去20年間で5割増加した。

　自然から採取した大量の一次エネルギーはつぎのスキームに沿って流れ、二次エネルギーの形で消費される。そして、最終的には、すべてのエネルギーが熱として自然に放出される。この間、エネルギー量は不変だが、エネルギーの温度が下がり空間的に広がって、その質が次第に低下する。

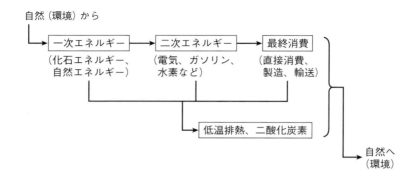

三大材料資源と希少重要元素

　第8章では、三大材料資源と希少重要元素の現状と将来の見通しについて述べる。各種の材料や製品（つまりモノ）の原料となる天然資源を、エネルギー資源と区別して材料資源とよぶことにする。三大材料資源とは、(1) 有機系材料資源：化石系資源と生物系資源（バイオマス）、(2) 金属系材料資源、(3) 無機系材料資源のことで、いずれも大量に使われている。このなかには、量は少ないが白金や希土類などの希少重要元素がある。これら材料資源と製品の関係を表に示す。食糧、水についてはここではふれない。

表　主要材料資源とおもな製品

材料資源	おもな製品
化石系資源 　（石油、天然ガスなど）	プラスチック、合成繊維、各種化学品、生活用品など
生物系資源 　（バイオマス）	木材、天然繊維、紙、天然ゴム、医薬品、バイオ燃料、食糧・飼料など
金属系資源 　（鉄鉱石、ボーキサイトなど）	鉄鋼、アルミ合金、銅線など
無機系資源 　（石灰岩、ケイ酸塩など）	セメント、コンクリート、ガラス、陶磁器など
希少重要元素 　（白金、希土類など）	装飾品、触媒、特殊合金、電子部品など

第 7 章　エネルギー資源

7.1　一次エネルギー

7.1.1　エネルギーの流れと資源賦存量

図 7.1 は、エネルギーの流れを日本の場合について定量的に示したものである。最終消費者に届くエネルギー（最終消費量）は一次エネルギー供給量の約 2/3 で、残り 1/3 が途中で熱として失われる。一次エネルギーは既述のように化石系が大部分で、その用途は発電用が多く 44％ を占め、二次エネルギーの中では燃料油が多く、電力がこれにつづく。

日本全体で消費するエネルギー量（≒ 供給するエネルギー量。石油換算 4.8 億トン）は、人間が生きるために必須な栄養としてのエネルギーの約 60 倍に相当する。また、自家用車燃料を含めた家庭で消費するエネルギーの 4〜5 倍になる。

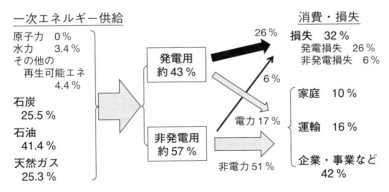

図 7.1　エネルギーの流れ（日本，2014）（『エネルギー白書』2016）
　　　図中の数字（％）は全一次エネルギーに対する割合。損失が 1/3 ある。

テレビの例を考えてみよう。家庭でテレビを視聴するときに直接消費するエネルギー（電力）の背後には、テレビ番組の制作、配信や、送受信設備の製造、運転などに消費される大量のエネルギーがある。そして、それらすべてがテレビを見るために必要なエネルギーである。

この例でも分かるように、一般消費者が、エネルギーの流れの最下流で直接的に消費しているエネルギーのほかに、上流側で大量のエネルギー消費があり、それらを合計すると上記の膨大な量になる。それらも、じつは、最終消費者のために使われている。もしも、一般消費者が、消費を望まなければ（たとえば製品を買わなければ）、それに応じて上流のエネルギー消費量は減る。

このエネルギーの流れは、水が山奥から川や地下を通って海に流れ込むようなものである。ただし、エネルギーの総量（水の流量に相当）を人間が決めている点と、エネルギーは循環しない点が、水の場合とは異なる。

参考までに、よく用いるエネルギーの換算表を註にあげておく。

註）**エネルギー単位換算表**　ここにあげた例はエネルギーの物理的な換算表である。実際のエネルギー統計では、水力、原子力などの発電量を一次エネルギーに換算する際、発電効率を考慮し実情にあわせた換算をする（物理量の換算ではない）。この場合、統計によって換算係数が異なるので要注意。TOE は石油換算トン。

1 cal = 4.16 J
1 kWh = 860 kcal = 8.6×10^{-5} TOE = 9.3×10^{-5} kL = 3.6×10^6 J
1 TW = 10^{12} W = 7.5億 TOE/年
1 TOE = 1.08 kL（石油）= 1,000万 kcal = 4.2×10^{10} J = 1.16×10^4 kWh
1 bbl（バレル）= 159 L = 0.147 TOE，bbl/d（バレル／日）= 58 kL/年
エネルギー以外：　1 km^2 = 100 ha，1 km^3 = 10億 kL = 10億 t（水の場合）
E（エクサ）；10^{18}（百京），P（ペタ）；10^{15}（千兆），T（テラ）；10^{12}（兆），G（ギガ）；10^9（十億），
M（メガ）；10^6（百万），k（キロ）；10^3（千），h（ヘクト）；10^2（百）
c（センチ）；10^{-2}，m（ミリ）；10^{-3}，μ（マイクロ）；10^{-6}，n（ナノ）；10^{-9}，
p（ピコ）；10^{-12}，f（フェムト）；10^{-15}

いま、最大のエネルギー問題は**一次エネルギーの量**である。利用効率、省エネ、節エネなどのエネルギー問題も、一次エネルギー量低減の手段として論じられる。エネルギーの質および二酸化炭素排出量の問題については後述する（第13章）。

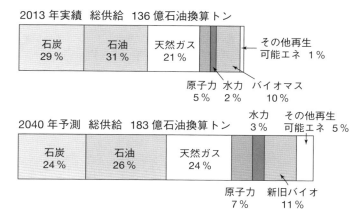

図 7.2 世界の一次エネルギーの現状と将来予想（2013 年と 2040 年，IEA）

まず、**図 7.2** に世界の一次エネルギーの現状と将来予測を示す。**国際エネルギー機関（IEA）**によると、世界の一次エネルギーの総供給量は、2013 年に石油換算で 136 億トンで、BP（British Petroleum）統計に基づくエネルギー白書によれば総消費量が 129 億トン（2014）である。この量が、2040 年には約 4 割増えて、石油換算で 183 億トン（IEA，2014）から 193 億トン（日本エネルギー経済研究所，2014）になると予測されている。それにともなって、排出される二酸化炭素の量は現状より約 3 割以上増える。

これら一次エネルギーの資源賦存量を**表 7.1** に示す。可採年数は 60 年前後から 100 年超である。確認埋蔵量、可採年数の定義についてはコラム「確認埋蔵量と可採年数」を参照していただきたい。

表 7.1 主要なエネルギー資源の賦存量、可採年数など

	確認(可採)埋蔵量(R) (埋蔵国、埋蔵量順)	生産量(P) (生産国、生産量順)	可採年数(R/P)
石油	2,633 億 kL (ベネズエラ＞サウジ＞加)	45.2 億 kL (サウジ＞ロ＞米)	58 年(53 年)
天然ガス	197 兆 m^3 (ロ＞イラン＞カタール)	3.5 兆 m^3 (米＞ロ＞イラン)	56 年(54 年)
石炭	4,032 億トン (米＞中＞印)	68.8 億トン (中＞印＞インドネシア)	59 年(111 年)
ウラン	459 万トン (豪＞米＞加)	6.8 万トン (カザフ＞加＞豪)	68 年(136 年)

IEAのデータに基づく世界国勢図会 2016/17 版。可採年数のカッコ内は BP 統計に基づく『エネルギー白書 2016』の値。サウジ；サウジアラビア、加；カナダ、ロ；ロシア、米；米国、中；中国、印；インド、豪；オーストラリア、カザフ；カザフスタン。

COLUMN

確認埋蔵量と可採年数

　石油、天然ガスの**確認埋蔵量**（proven reserves）は、**(1) 経済的、技術的に採掘が可能な、(2) その時点で残存していることが確認された埋蔵資源量**である。確実性がより低いものを推定埋蔵量ということがある。このほかに、究極埋蔵量、潜在的埋蔵量、予想埋蔵量などの語がある。石炭では可採埋蔵量といっている。

　確認埋蔵量は、採掘により当然減少するが、新しい油田、ガス田、鉱山などの発見で増加する（発見量は、需給動向に左右される開発意欲に依存）。また、採掘技術の向上や資源価格の上昇により、経済性が改善すると増加する。**可採年数**とは、確認埋蔵量をその時の年間採掘量（生産量）で割った年数である。したがって、可採年数は、確認埋蔵量と年間採掘量の変化に依存して増減する。

　周知のように、石油の可採年数は、大量採掘にもかかわらず過去数十年ほとんど変化していないが、これは主として以上の理由による。ただし、公表された確認埋蔵量も採掘量もいずれも推定値であり、政治経済の影響を受けることに注意が必要。それでも、数十年間の需給、価格、採掘量の変化や、複数機関の埋蔵量推定値を比較することにより、信頼性をある程度判断できる。

7.1.2 一次エネルギーの基本特性

1) 再生可能エネルギーと枯渇性（再生不可能）エネルギー

太陽エネルギーのように大量に供給されつづけるか、あるいは、バイオマスや水力のように継続して再生されるものを**再生可能エネルギー**という。これらは自然エネルギーともいう。ほかに、風力、地熱などがある。風力、太陽光発電などの新しい再生可能エネルギーは急増しているが（図 7.10 参照）、その全体に占める割合はまだ小さい（図 7.2 参照）。他方、石油、天然ガス、石炭などの化石エネルギーは地中に大量にあるが、いつかは枯渇するので**枯渇性（再生不可能）エネルギー**という。

化石エネルギーは、太古の生物に由来するのだが、それに比べて短い人間の歴史という時間軸では再生されないので枯渇性である。バイオマスも、消費が増えて再生が追いつかなくなれば再生可能ではなく枯渇性エネルギーになる。多くの草本類は 1〜数年で再生し、樹木は通常約 30 年かけて成木となる。バイオマスのうちエネルギーとして利用されるものを、**バイオマスエネルギー**ということにする。

2) エネルギー密度

エネルギー密度は、第 3 章 5 節で述べたように単位面積当たりのエネルギー生産量、または、単位体積当たりのエネルギー貯蔵量のことである。面積当たりの生産は、バイオエタノールなどのバイオ燃料がとくに小さく、火力、原子力＞＞太陽光発電＞風力＞＞バイオ燃料で、単位体積当たりのエネルギー貯蔵量は、ガソリン、灯油＞＞リチウムイオン電池＞鉛蓄電池である。なお、貯蔵エネルギー当たりのコストは、ガソリン、灯油＜＜鉛蓄電池＜リチウムイオン電池。

3) 新・旧の再生可能エネルギーとバイオマスエネルギー

従来から大量に利用されている水力発電や薪炭、家畜フンを「**旧**」**再生可能エネルギー**、いま普及が推進されている太陽光発電、風力発電、地熱発電などを「**新**」**再生可能エネルギー**とよぶことにする。両者は、エネルギー戦略上、大きな違いがあり、分けて考えたほうがよい。

同様の理由で、バイオマスエネルギーも家畜フン、薪炭などの旧バイオエネルギーと、バイオエタノール、バイオディーゼルの新バイオエネルギーとに分けて考える。旧バイオエネルギーの消費量は、現在、世界の一次エネルギーの約10％を占めるほど多いが（IEA推計）、利便性に難点があり、経済成長とともに減少する。他方、新バイオエネルギーは着実に増えるが、絶対量は多くない。世界全体でみると、当分の間、新バイオの増加量より旧バイオの減少量のほうが多くなる可能性がある。

7.1.3　一次エネルギーが備えるべき条件

21世紀のエネルギー戦略にとって意味があるのは、相当量の供給が見込めるものである。そして、それがいつ頃得られるのか（あるいは失われるのか）が重要である（時間軸、第3章）。また、このエネルギーは、食糧や水と同様に人間社会の必需品なので、安価で安定に供給されなければならない。これらの条件（選択の基準）を**表7.2**にまとめる。

表7.2　一次エネルギー選択の基準

1.	**供給量**	どのくらいの量か（増えるか減るか）？　相当量が必要。
2.	**時間軸**	21世紀中のいつ頃、増減するか？　変動は？
3.	**経済性**	コストパフォーマンスがほかと比べ良いか悪いか？
4.	**環境調和性**	環境に与える悪影響は許容範囲内か？
5.	**利便性**	使いやすさは？
6.	**エネルギー・物質収支**	収支は合っているか？　効率は？　製造・転換時の副生物の行方は？

エネルギー戦略における一次エネルギーは、これらすべての条件を満たす必要がある。しかし、単一のエネルギー種でこれらの条件を満たすことは難しいので、多種類のエネルギーを上手に組み合わせることが大事になる（**ベストミックス**という）。

7.1.4 一次エネルギー構成とその見通し

　図 7.2 には、一次エネルギー構成の予測も示してある。2040 年でエネルギー構成はそう変わらないが、原子力、水力が微増、バイオマス等の再生可能エネルギーが 11 % から 13 ～ 16 % へ増加、石油、石炭の割合が減少（量は増加）の傾向にある。新再生可能エネルギー（太陽光、風力、地熱など）の量は、3 ～ 5 倍に増加するものの旧再生可能エネルギーのほうがまだ多いと予測されている。

　これに対して、再生可能エネルギーをもっと増やすべきだとの意見がある。また、原子力を減らすべきだという主張もある。これらについては第 13 章で考察するが、現在の世界的な潮流を考えると、2040 年のエネルギー事情は、この予測からそう外れることはないと思われる。

　各国の一次エネルギー構成を**表 7.3** に示した。これを見ると、全体の平均値を示した図 7.1 では分からない各国の事情が読みとれる。たとえば、多くの国で石油の割合が大きいが、中国、インドでは石炭が、ロシアでは天然ガスが多い。また、フランスは一次エネルギーの 44 %、電力の 74 % が原子力である（インド、フランスは、表 7.3 に示していない）。バイオマスエネルギー大国といわれるブラジルも、最大の一次エネルギー源はやはり石油である。ドイツは、再生可能エネルギーの先進国としてメディアでよく紹介されるが、石油、石炭があわせて一次エネルギーの 70 % 以上を占める。表 7.3 には、電力の構成（電源構成）も示したが、これについては次の 7.2 節で説明する。

　各国のエネルギー事情のバロメーターとして、一人当たりのエネルギー消費量と自給率を表 7.3 に、消費量/GDP（エネルギー生産性の逆数）は後で図 7.5 に示す。

表 7.3 各国の一次エネルギー構成と電源構成など

各国の一次エネルギーの構成（%、2013。世界国勢図会 2016/17）（−は 1 %以下を表す。）
CRW；Combustible Renewables and Wastes（可燃性再生可能燃料と廃棄物））

	日本	米国	中国	ドイツ	ロシア	ブラジル	世界
石油	44	36	16	32	22	42	31
天然ガス	23	28	5	23	54	11	22
石炭	27	20	67	26	15	6	29
原子力	−	10	1	8	6	1	5
水力	2	1	3	−	2	12	2
バイオマス等（CRW）	3	1	1	9	1	28	10
新再生可能エネ	1	4	7	2	−	−	1

一人当たりエネルギー消費量（石油換算トン/年）

	日本	米国	中国	ドイツ	ロシア	ブラジル	世界
	3.6	6.9	2.2	3.9	5.1	1.5	1.9

エネルギー自給率（%）

	日本	米国	中国	ドイツ	ロシア	ブラジル	世界
	6	86	86	38	183	86	−

電源構成（%、2013）（日本の火力；天然ガス：石炭：石油 = 54：35：11, 2014）

	日本	米国	中国	ドイツ	ロシア	ブラジル	フランス	世界
火力	90	69	78	67	67	28	9	69
水力	8	7	17	5	17	68	13	16
原子力	1	19	2	15	16	3	74	11
その他	1	5	3	13	−	1	4	4

7.2 二次エネルギー

　代表的な二次エネルギーに、燃料油（ガソリン、灯油など）、電力、都市ガス（メタンが主成分）がある。世界のエネルギー需要は着実に増加の傾向にあるが、日本の場合、最終エネルギー消費量は 2000 年代後半から漸減している。日本の総需要の構成は、燃料油 48 %、電力 25 %、都市ガス 9 % である（2014）。

　日本と世界の最終消費の部門別内訳を**図 7.3** に示す。日本では、産業部門の割合が多いが、それは減少しつつあり、家庭・業務（オフィス、店舗など）および運輸の割合が増加している。家庭の消費エネルギーは、電力が半分、ついで石油系、都市ガスである。

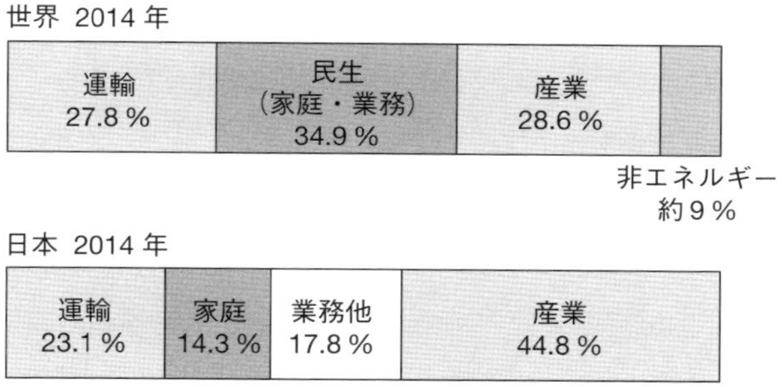

図 7.3 世界と日本の部門別エネルギー消費内訳 (2014)（『エネルギー白書』2016）
（非エネルギー利用とは 原材料としての利用など）

7.2.1 燃料油

日本の二次エネルギーの約半分をガソリン、重油、軽油、灯油など石油由来の燃料が占める。石油のうち化学品、樹脂、繊維など材料への利用（次章）は約1割である。燃料の内訳は、自動車用が多く約半分で、家庭・業務用、電力用、鉱工業用がこれにつづく。

7.2.2 電力

電力は、便利で相対的に安全なエネルギーなので消費量は増加している。最終消費エネルギーに占める電力の割合を**電力化率**というが、世界で18％、日本は25％である。ただし、電力は化石エネルギーにくらべて値段が高い。火力発電の発電効率が低く、送配電にも損失があることがおもな理由である。また、貯蔵が難しいので発電量を需要量に常時あわせなければならない。供給量の調整には、火力発電の稼働率操作とともに大規模蓄電システムの導入が必要だが、後者は高価でコストをさらに押し上げる要因になる。

しかし、電子機器、家電、各種電子制御はすべて電気を必要とする。とくに情報関係の演算、記憶には不可欠なエネルギーなので、近年、この分野の電力消費量が急増している。なお、非常用エネルギーの大量貯蔵には、安価でエネルギー密度が高いという点で、燃料油を使う自家発電が向いている。

7.2.3 都市ガス、LP（液化石油）ガス

日本の都市ガスの大部分は、産ガス国からタンカーで輸入する液化天然ガス（メタン）で、おもな輸入先は、マレーシア、オーストラリア、カタールである。今後は、米国からのシェールガスの輸入も見込まれる。消費総量は、年間約9,000万トンで、電力を含む工業用に60％弱、家庭用に25％弱が使われる。

プロパンやブタンを主成分とするLPガス（LPG）の日本における消費量は、年間2,000万トン程度で、石油系燃料の1割強を占める。家庭用のほか、自動車用、工業用、化学原料、電力用が用途である。中東から輸入するものと国内の石油精製業（元は輸入石油）で生産されるものがある。

7.2.4 水 素

水素は、燃焼時に水のみを生成し二酸化炭素を発生しないことがメリットとされる。日本政府は、水素を21世紀後半の重要な二次エネルギーと位置づけ、その社会を「水素社会」（図7.4）とよんで、実現に力を入れている。しかし、エネルギー用の水素は量的にまだ非常に小さい。今後拡大するためには、安価な"カーボンフリー水素"（製造過程で二酸化炭素を排出しない水素）の大量生産が不可欠である。

また、水素は軽くて漏れやすい性質があるので、大量に流通させるには、安全に貯蔵・運搬するための大規模インフラを新たに建設しなければならない。それに見合うだけのメリットがあるか否かが問われることになる。

現在、大部分の水素は、**化石燃料**（水素と炭素が主成分）から製造されるので、製造過程で必然的に大量の二酸化炭素が発生する。この二酸化炭素を分離（アミン系溶媒に吸収またはセラミックス膜で分離）、隔離し、地中に貯留することも検討されていて、**CCS**：Carbon Capture and Storage という（CCSにUtilizationを含めCCSUということもある）。CCSは、水素製造に限らず、火力発電にも必要になる可能性がある。一部に実証実験も実施されているが、経済性が大きな課題である。

ほかの水素製造法は、太陽光、風力など自然エネルギーを利用した水の分解

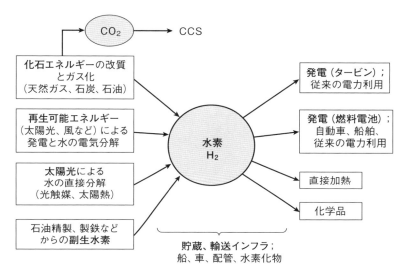

図 7.4　水素社会の構成（CCS：本文参照）

である。電力に変換してから水を電気分解する方法、触媒化学的あるいは熱化学的に水を分解する方法が研究されている。研究に進歩がみられるが、実用化にはまだ時間がかかる。各所で副生する水素を収集することも検討されているが、大量に確保することは難しい。

7.3　エネルギーの変換、輸送、貯蔵とシステム

7.3.1　エネルギーの利用効率

エネルギーの利用には、原理的また実際的な制約があって、エネルギーの一部ないし大部分を熱として失うことが避けられない。失われる熱の低減と失われた熱の有効利用は永遠の課題といえよう。

原理的な制約とは、熱力学第1法則、第2法則である。第1法則は**エネルギー保存則**で、エネルギーは形が変わってもその総和が変わらないことを示す。つまり増やすことはできない。第2法則によれば、高温の熱から取り出せる仕事（ガソリン自動車の駆動や火力発電のタービンの作動などを想定）は一部であ

り、取り出せる最大の仕事量は高温側と低温側の絶対温度 T_1, T_2 ($T_1 > T_2$) で決まり、最大効率 $= (T_1 - T_2)/T_1$ となる。したがって、高温の熱ほど多くの仕事が得られ、高温の熱エネルギーは質が良い。また、第2法則によると、外界（系外）から仕事をしない限り（エネルギーを与えない限り）、熱は低温側から高温側に移動しない（例：冷蔵庫、冷房）。

実際的な制約とは、摩擦熱や熱の漏えいなどによるエネルギー損失である。

発電の効率

火力発電では、化学エネルギー（天然ガス、石炭など）の燃焼熱で高温になった気体または水蒸気で、タービンの羽根を回し（仕事をして）発電機を動作させる。高温が1500℃、低温が25℃の場合、最大効率は、$(T_1 - T_2)/T_1 = (1773 \text{ K} - 298 \text{ K})/1773 \text{ K} = 0.83$（83％）となる。他方、海洋の温度差発電では、表面25℃、深海5℃の場合、効率は $(298 \text{ K} - 278 \text{ K})/298 \text{ K} = 0.067$（6.7％）となり非常に低い。低温の熱は利用しにくく価値が低いことが分かる。つまり、「あること」と「使えること」は全く別である。現実には、さらに、摩擦熱や熱の漏出により効率が下がる。化石燃料を使う火力発電の効率は通常約35〜40％、最新鋭発電所でも約55〜60％である。

中小型の発電の場合、発電効率を若干犠牲にして、排熱を効果的に利用する技術があり、**コジェネレーション**（**熱電併給**）とよばれる。熱と電気を併せると約60〜80％の変換効率になる。地域、大型ビルに利用されるが、併産される熱を温水や蒸気として有効に利用できるか否かが（熱需要の開拓）、普及のカギを握る。

原子力発電の場合、効率の定義が難しいが、統計上では火力発電にならって33％とされることが多い。熱の変換以外は、原理的には100％の変換が可能であるが、現実の変換効率は小さい。たとえば、化学エネルギーを直接的に電気エネルギーに変換する燃料電池も理想的には100％の変換が可能であるが、現実の変換効率は50〜60％である。電気照明の場合、「発光効率（明るさ）」は、白熱電灯で10％レベル、蛍光灯、LED照明で30％ないしそれ以上である（ただし、エネルギー変換効率はずっと小さい）。

7.3.2 変換・輸送技術

　熱、力学、電気など形態の異なるエネルギーは相互に変換されて最終消費に至る。熱エネルギーの変換には前記の制約があるが、電気→力学(仕事)には、第2法則の制約はない。おもな変換を具体例とともに以下にあげておく。化学とあるのは、化学反応による物質転換や状態の変化を指す。

- **熱** → 力学 (熱機関 (エンジン))、化学 (吸熱反応、冷暖房)、電気 (発電、ゼーベック効果)、熱 (蓄熱)
- **力学** → 電気 (発電)、熱 (摩擦熱)
- **電気** → 熱 (暖房、調理)、電磁波 (照明、調理)、力学 (電動機、音響)、化学 (電気分解、蓄電池)
- **化学** → 力学 (熱機関、筋肉運動)、電気 (燃料電池、火力発電)、熱 (暖房、調理)
- **電磁波 (光)** → 熱 (太陽熱温水器)、化学 (光合成)、電気 (太陽光発電)
- **原子核** → 熱、電気 (原子力発電)

　最終消費における利用効率もさまざまである。ガソリン自動車の場合、原油からガソリンに到るまでの精製や輸送によるエネルギー損失は5％程度で小さいが、走行の段階で70〜80％の損失がある(内燃機関の理論効率は、よくて30％程度)。その点、電気自動車は、走行時の変換効率(電気→仕事)が非常に良い。しかし、電力供給には発電と送電のロスがあり、また、自動車製造時の消費エネルギーが多いため、全体としては両者の差は小さい(第13章)。

7.3.3 貯蔵技術

　エネルギーの生産と消費の間には時間的なずれがあるので、一定期間の**貯蔵**が欠かせない。貯蔵は、エネルギーの安全保障のためにも必要である。石油の場合、多くの国で数か月分の消費に相当する量が備蓄されている。

　石油、石炭、天然ガス、都市ガスなどの化学エネルギーは、タンクや貯留場に貯蔵される。電気エネルギーの場合、貯蔵(蓄電)が難しいが非常に重要で

ある。太陽光・風力発電の場合、発電量が時間的に大きく変動するので安定供給には蓄電が不可欠で、電気自動車では、蓄電池の性能と価格が普及のカギを握っている。家電製品用の小型蓄電池はすでに普及しているが、ここで問題なのは大規模蓄電技術である。

表7.4に主要なエネルギー貯蔵技術をあげる。蓄電池には、鉛蓄電池、リチウムイオン電池、NAS電池（大容量。安全性に注意）、レドックスフロー電池（液体系を含む）などいろいろなものがあり、一長一短である。揚水発電の効率は高いが、現実の電力供給量は大きくない。

表7.4　エネルギー貯蔵技術とその特性

投入エネルギー	貯蔵技術	貯蔵エネルギー	コメント
電力	蓄電池 揚水発電 水の電気分解	化学エネルギー 位置エネルギー 化学エネルギー	便利だが高価 立地が限定的 効率、インフラ
熱エネルギー	蓄熱、蓄冷熱	熱容量、潜熱	多くは分散型
化石エネルギー	タンク、貯留	化学エネルギー	エネルギー安全保障 二酸化炭素排出

7.3.4　エネルギーシステム

エネルギーの取得から最終消費に至るまでには多くの段階があるだけでなく、それらが相互に関連して全体で大きなエネルギーシステムを構成する。そのシステム全体の効率向上と安定化のために、変動するエネルギー需給をリアルタイムで計測、調整・制御するシステムが研究されている。ここでも大規模蓄電システムが果たす役割が大きい。

国全体のエネルギー利用効率の指標にエネルギー生産性 ＝ ｛国民総生産（付加価値の合計）/エネルギー消費量｝がある。日本は**図7.5**に示したようにトップクラスである（図には生産性の逆数がプロットしてある）。他方、エネルギー多消費型の米国、サウジアラビアはエネルギー生産性が低い。また、鉱業、大型素材産業のようなエネルギー多消費産業を国内に抱えていると、生産性の数

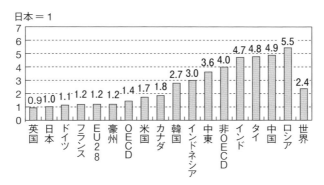

図 7.5 各国のエネルギー生産性の比較（2013）（『エネルギー白書』2016）
一次エネルギー消費量 / 実質 GDP を日本を 1 としてプロットしたもの。
エネルギー生産性の逆数である。

値は低くなる。

7.4 一次エネルギー各論

7.4.1 化石エネルギー

　石油、天然ガス、石炭など**化石エネルギー**の可採年数は、約 50～100 年ないしそれ以上あり（表 7.1）、シェールガス・オイルの登場で可採年数はさらに延びた。したがって、これら化石エネルギーが今世紀中に枯渇することはないと思われる。繰り返しになるが、可採年数は、資源が枯渇するまでの年数ではない（コラム「確認埋蔵量と可採年数」参照）。ここでは、これら化石エネルギーの特徴を説明するが、特徴を理解して上手に利用することが重要である。

　化石エネルギーには、資源の枯渇だけでなく、二酸化炭素の排出による気候変動（地球温暖化）の問題がある。今や枯渇よりも地球温暖化のほうに関心が集まり、化石エネルギーは敵役になることもある。しかし、著者は、後述する地道な対策を積み上げるとともに、化石エネルギーを抑制したペースで消費すれば、おそらく二酸化炭素の排出による甚大な被害は避けられるであろうと考えている（速効性だが副作用が強い抗がん剤ではなく、遅効性の漢方薬で足り

る)。つまり、化石エネルギーは、当分、貴重な一次エネルギーであり続ける。この点は、第13章で論じたい。

1) 石 油

a. 石油の特徴

石油は、通常、粘稠な液体として産出し**原油**とよばれる(本書では原則として両者をまとめて石油とよぶ)。主成分は幅広い炭素数分布を持った炭化水素群で、少量の酸素、硫黄、窒素、重金属(V、Niなど)を含んでいる。水素/炭素比は2に近く、比重は、0.8〜0.9である。

油井による積極的な石油の採掘が始まったのは1859年(米国ペンシルベニア州)とされるが、その後、自動車の普及と大規模油田の相つぐ発見(米国南西部、インドネシア、中東)により生産量が急増し、20世紀後半からは、石油は石炭を抜いて最大の一次エネルギー源となった。

液体であるため、輸送や化学的処理などが容易で、各種の燃料油や有機系材料・化学製品の原料として広く利用される。近年、新興国、発展途上国の消費が急増し、それにあわせ世界の生産も増加しつつある。

b. 石油の起源、採掘、資源分布

石油は、おもに中生代(恐竜時代、1〜2億年前)の植物、藻類、プランクトンが海底に堆積したのち、地中で熱、圧力、微生物の作用を受けケロジェン(石油前駆体)を経由して生成した。この石油が地中をゆっくり移動して貯留されたものが油田である(一部はガス化)。石油(+ガス)が地中の空隙の多い岩石層中に集積し、その上を緻密な地層が覆っている場合に長期に貯留される。

当初は、油井から自噴(自発的に噴出)あるいは簡単なポンピングにより採掘されたが(一次回収、10〜30%回収)、近年は、外部から水やガスを圧入して回収率を約30〜50%に高めている(二次回収)。

石油資源の確認埋蔵量は、1.7兆バレル(オイルサンドは除く)とされる(表3.1)。超重質油(後述)を含めるとベネズエラ、カナダの埋蔵量が多い。近年、西アフリカ、南米で開発中の新油田は、深海底、超重質油などの理由でコストが高くなる傾向がある。中国は1996年頃から輸入国に転じ、今では最大の輸

入国である。他方、日本の産出量はきわめて少ない。このように、石油資源は地域的に著しく偏在している。

c. 石油の需給と用途

世界の生産量は、約 8700 万バレル／日（約 40 億トン／年）で、OPEC 諸国（OPEC は石油輸出国機構。サウジアラビア、イラク、イラン、アラブ首長国連邦、クウェートなどが加入国）が、全体の約 4 割を占める。OPEC 以外のおもな産油国は、ロシア、米国、中国、カナダである。近年、これに加え、米国で産出するシェールオイルが約 350 万バレル／日ある。日本の消費量は、2013 年で約 350 万バレル／日（年間約 2 億 kL）で、その 99.7 ％ を中東諸国などから輸入している。

かつて、「オイルピーク論」といって、供給のピークが 2000 年から 2020 年ごろに訪れ、石油が枯渇するという説が喧伝されたことがあった。しかし、その予測の多くはすでに外れ、現在は、供給過剰で価格が低迷する状況にある。とはいえ、石油が枯渇性であることは確かで、長期的には変動しながら徐々に値上がりするものと思われる。

石油は、蒸留による分離と熱的・化学的な処理により、ガソリン、軽油、灯油などの燃料油（炭化水素群）に分けて利用されるが、このプロセスを**石油精製**という。典型的な石油精製の流れを**図 7.6** に示す。ナフサは、日本におけるほぼすべての有機系化学製品の原料（オレフィン、芳香族）で、欧州でもおもな原料である。なお、米国は天然ガス由来のエタンをおもな有機系化学原料としている。

高沸点炭化水素（炭素数が多く比重が大きい）、硫黄、窒素、重金属を多く含む石油を重質油というが（とくに多いものは超重質油）、クリーン燃料、クリーン化学原料とするために、硫黄、重金属などの大部分を脱硫プロセスで分解、除去しなければならない。日本が輸入する石油は重質油が多いので、それらを除去する触媒技術の重要性が高い。図 7.6 に示す石油精製の流れでも脱硫プロセスが多いことが分かろう。

用途は、世界、日本とも、輸送用燃料（自動車、船舶、航空機用）が最も多

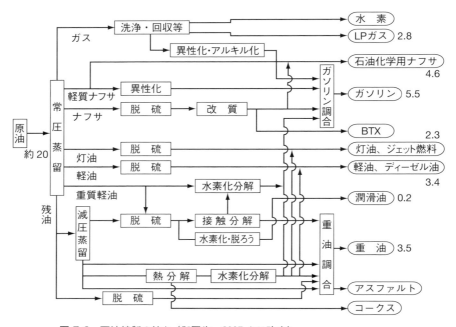

図 7.6 石油精製の流れ（御園生，2007 より改変）
　数値は日本における概略値。製品の輸出入があるので合計があわない。
単位は千万 kL（石油連盟，2015）。

く（約半分）、ついで、石油化学用、他産業用燃料、業務・家庭用である。

2）天然ガス

a. 天然ガスの特徴

天然ガスは、メタンを主成分とする炭化水素群からなる気体で、ガス田から採掘されるものと、石油に随伴して採掘される油田ガス（随伴ガス）の二つに分けられる。その組成は産出地によって異なり、メタンが 100 ％に近いもの（ドライガス）と、炭素数 2 以上のエタン、プロパンなどを 10〜20 ％ 含むもの（ウェットガス）がある。

b. 天然ガスの起源と資源分布

　油田ガスの起源は石油と同じ。ガス田からのものは、石油前駆体ケロジェンがさらに地中深く移動し、高温、高圧下でガス化が進行した後、地中を移動し

てガス田に貯留されたものである。非在来型の天然ガスについては後述する。

　資源の分布は油田よりやや広い。中東の埋蔵量が最も多く、全体の約 40 ％を占める。推定埋蔵量は、非在来型の天然ガスを含めると 750 兆 m^3 以上に達する。この場合、可採年数は 100 年をゆうに超す。ただし、これらの数値は統計によりばらつきがある。

c. 生産、利用、需給

　採掘した天然ガスは、重質炭化水素（油分）、水分、硫黄、硫化水素、二酸化炭素、水銀等を分離除去した後、気体としてパイプラインにより、または冷却して**液化天然ガス**（LNG）にして船により輸送される。ヘリウム含量が多い天然ガスは貴重なヘリウム源となる。

　世界における天然ガスの用途は、発電用が 31 ％、産業用が 21 ％、民生その他（都市ガスを含む）が 48 ％である。需給量は徐々に増えてきたが、近年、二酸化炭素の排出が相対的に少ない化石エネルギーとして、需要がさらに増加する傾向にある。たとえば、日本においては 2011 年の原発事故以後、発電用の需要が急増し電力用一次エネルギーの約 68 ％を天然ガスが占める。日本は、総需要の 98 ％をオーストラリア、カタール、ロシアなどから輸入している。

3) 非在来型石油・天然ガス

　油田、ガス田から採掘される石油、天然ガスを在来型、それ以外を非在来型と便宜的に称する。非在来型石油には、シェールオイル、オイルサンド、超重質油（比重の高いビチューメンを含む）、非在来型天然ガスには、シェールガス、コールベッドメタン、タイトサンドガス、メタンハイドレートがある。これらは量的に多いが、一般に採掘や精製が難しく、また、採掘時の環境への影響が問題になることが多い。

a. シェールオイル、シェールガス

　石油、天然ガスのうち、油田、ガス田へ移動せず、地中深く残留したままの石油やガスである。世界の埋蔵量は在来型のものに遜色がなく、資源分布は広い。ただし、確認埋蔵量については議論がある。採掘技術の目覚ましい進歩により、2008 年頃から大量に採掘され始め、「**シェール革命**」として注目されて

いる。

　新しい採掘技術とは、地下 2〜5 km まで井戸を掘り下げてから向きを変えてさらに水平方向に掘り進む水平坑井技術と、硬い地層を水圧で破砕しガスの通路を作るフラクチャリング（水圧圧砕）技術である（**図 7.7**）。現在の技術では、一つの井戸で採掘できる量が多くないので、新たな井戸を掘りつづける必要がある。

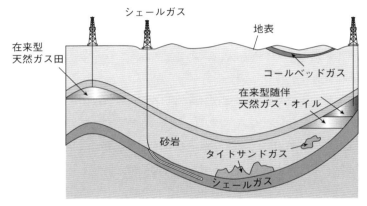

図 7.7　シェールガス・オイルおよび在来型ガスの所在と採掘

　採掘可能なシェールガス埋蔵量の多い国は、中国＞米国＞アルジェリア＞アルゼンチンで、シェールオイル埋蔵量は、ロシア＞米国＞中国＞リビアである。ただし、採掘、輸送に必要なインフラ設備が整っていない地域が多く、今のところ、米国が圧倒的に先行している。

　シェールオイルは石油の軽質分に相当する炭化水素が多く、自動車燃料に適しているので収益性が高い。米国のシェールオイルは、すでに石油の国内生産量の約 1/3 を占める。シェールガスのほうは、天然ガスの価格が低く収益性がやや劣るためその割合はまだ数 % である。燃料用に液化天然ガスを必要とする日本、韓国はじめアジア諸国では、2017 年ごろからシェールガスの輸入が増える予定である。

b. そのほかの非在来型石油・天然ガス

オイルシェールは、頁岩油ともいわれ、地表近くに存在する熟成度が低い石油根源岩である。紛らわしいが、シェールオイルとは異なる。そのほか、ベネズエラは超重質油（ビチューメン）の埋蔵量がとくに多い。ただし、その生産拡大は石油の価格次第である。オイルサンドは、砂岩に含まれる超重質油で、すでにカナダで大量生産されている。そのほか、コールベッドメタン（石炭層で生成し残留しているメタン）、タイトサンドガス（在来型より稠密な地層にあり採掘が困難）がある。いずれも埋蔵量は多い。

メタンハイドレートは、メタンと水が複合した固体で、日本の近海を含めて世界中の深海底に広く大量に存在する。採掘技術の進歩により将来利用できるようになる可能性がある。

4) 石 炭

a. 石炭の特徴

石炭は、縮合した芳香環（ベンゼン環）を主成分とする固体である。炭素、水素以外にかなりの量の酸素、硫黄、窒素、金属等を含み、輸送や処理も石油にくらべると難しい。炭化度が低い順から、泥炭、亜炭、褐炭、亜瀝青炭、瀝青炭、無煙炭に分類され、炭化度の高い後のほうが、炭素含有量が高く酸素含有量が小さい。瀝青炭の炭素含有量が75～90％、水素／炭素比は0.8～1.2である。低品位炭とよばれる褐炭、亜瀝青炭が全石炭の約半分を占める。

石炭は、産業革命後のエネルギー需要に対応して生産が急増した。20世紀半ばに一次エネルギーのトップの座を石油に奪われたが、埋蔵量の多さ、価格の安さにより、現在でも生産・需要とも増加している。しかし、水素／炭素比（≒1）が、石油（約2）、天然ガス（約4）にくらべ小さいため、発熱量当たりの二酸化炭素発生量が多く、気候変動への影響が問題となる。発電、熱利用の高効率化と排煙処理が不可欠である。

b. 石炭の起源と資源分布

石炭は、太古の陸上植物が、地上で堆積したのち地中に埋没し、地熱、地圧により分解、縮合して生成した黒色の固体である。その起源となった植物は、

古生代（約3億年前、石炭紀など）から新生代（約6千万年前）などさまざまな時代のものがある。

ほかの化石エネルギーにくらべ、資源の分布が広く可採年数も長い（表7.1）。埋蔵量は表の値よりさらに多い可能性もある。地中の炭坑もあるが、世界的には露天掘りが多い。

c. 石炭の需給動向と用途

生産量の約半分は中国が占め、ついで、米国、インド、インドネシア（一般炭の最大輸出国）、オーストラリア（原料炭の最大輸出国）が多い。一般炭とは燃料用（おもに発電）、原料炭とはコークス用（製鉄）のことである。褐炭は、水分、有機酸など不純物が多く発熱量が低いため、生産地周辺で燃料として利用される。褐炭の最大の生産・消費国はドイツである。石炭生産量の推移を図7.8に示す。中国における供給、消費量の増加が著しい。

日本の場合、消費量1.9億トン（2013年）のうち、一般炭（燃料）が1.1億トン、原料炭（コークス）が0.8億トンで、その99％をオーストラリア、インドネシアなどから輸入している。

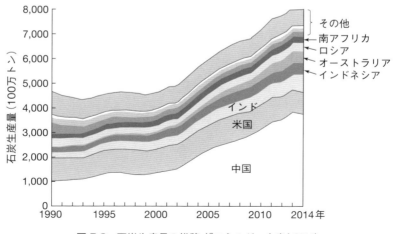

図7.8 石炭生産量の推移（『エネルギー白書』2016）

7.4.2 再生可能エネルギー

1）再生可能エネルギーの特徴

さまざまな**再生可能エネルギー**があるが、いずれも二酸化炭素の排出量が小さく、今後の利用拡大が期待されている。ただし、それぞれ一長一短であり、前述の「一次エネルギーの選択基準」に則りケースバイケースの戦略を立てるべきである。なお、再生可能エネルギーと自然エネルギーはほぼ同義に使われるが、本書では「再生可能エネルギー」を用いる。また、**"新エネルギー"**（註）の語は使わない。

> 註）"新エネルギー"は、国が普及を推進すべきとして法令で定めたもので、その定義には変遷がある。量的にはパルプ産業の黒液とよばれる廃液が最大、ついで建築廃材が多い。新再生可能エネルギーの割合はまだ小さい。エネルギーの新利用法の一部も含まれる。なお、新エネの定義は、統計や報告書で異なり混乱しているので注意が必要。

前述の新・旧の再生可能エネルギーおよび新・旧のバイオエネルギーの違いにも留意する必要がある。圧倒的に多いものは旧再生可能エネルギーで、薪や家畜フンと燃焼可能な廃棄物などのCRWが、世界の全一次エネルギーの約10％を占める（表7.3）。つぎに水力発電が多く約3％である（統計によって換算係数が違い、水力発電量の2～3倍を一次エネルギー量としている場合があるので注意。第3章5節）。世界の水力発電の設備容量は約10億kW（発電量23兆kWh）、中国が最大で全体の1/3、ついで米国＞ブラジル＞カナダ＞日本である。

世界の新再生可能エネルギーが、一次エネルギーに占める割合は1～2％であるが（電力の3～4％）、再生可能エネルギー起源の電力が総電力に占める割合は、水力発電を加えると、20％に達する（**図7.9**）。多くの国で新再生可能エネルギー起源の電力を普及するために固定価格買い取り制度が設けられている（コラム「固定価格買い取り制度」参照）。

図 7.9 再生可能エネルギーに由来する電力供給のおよその内訳 (2013)

再生可能エネルギーによる発電量は、世界の発電量 23 兆 kWh の約 20 %、日本の総発電量 1 兆 kWh の約 10 % を占める。世界は、REN21 (Renewable Energy Policy Network for the 21st Century) や、IEA のデータ (2013) を紹介する Sustainable Japan のホームページによる。日本のデータ (2013) はおもに世界国勢図会 2016/17 による。ただし、国勢図会の太陽光発電は、小規模太陽光発電が含まれていないため、『エネルギー白書』(2016) の累積設備導入量 (1,800 万 kW, 2013 年) から稼働率 15 %（高め）と仮定して計算。太陽光発電の設備容量は、2016 年には 2,700 万 kW に増えた。同様に、バイオマス発電量は載っていないので、資源エネルギー庁のバイオ発電設備容量の値から稼働率 50 %（総務省報告から推定。信頼できるデータはない）と仮定して計算。

COLUMN

固定価格買い取り制度 (FIT, Feed-in Tariff)

多くの国で、再生可能エネルギーの普及のために各種の優遇策をとっている。その一つに、再生可能エネルギー由来の電力を長期にわたり一定の高値で買い取る制度がある。

日本では、2012 年に本格導入され、当初、相当の高値だったので一挙に発電容量が増大した。買い取り費用は、電気料金を通して全消費者が負担する。買い取り費用が巨額になること、発電量の変動により電力システム全体が不安定になること、認可後も設置しないで放置する例が多いことなどの問題が、当初、危惧された通りに発生した。

そのため、価格はたびたび見直され、当初 42 円/kWh であった家庭用太陽光発電は、2015 年に約 30 円/kWh まで下がった。これには、海外からの廉価設備の輸入によりコストが低下したことも寄与した。現在、さらなる引き下げが検討されている。ドイツは、先行して同様の制度を始め、同様の理由ですでに価格を引き下げている。

7.4 一次エネルギー各論

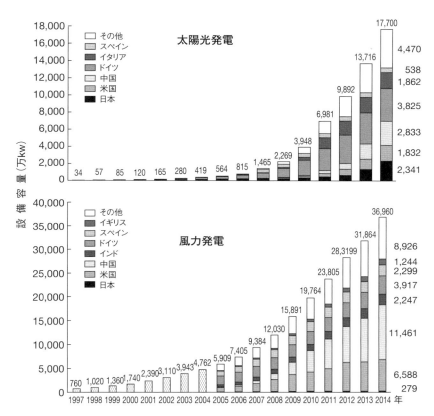

図7.10 世界の太陽光と風力の発電設備容量の推移（縦軸目盛の違いに注意）
（『エネルギー白書』2016）

世界では、設備容量も発電量も、風力発電のほうが太陽光発電より多いが、日本では太陽光発電のほうが多い。ただし、設備容量（W）にくらべ発電量（Wh）のデータは信頼性が低い。

主要な新再生可能エネルギーについて、以下に個別に説明を加えるが、これらが著しく伸びている様子を**図7.10**に示しておく。それでも全一次エネルギーに対し量的にはまだ小さいことはすでに述べた。

2) 太陽光利用

a. 太陽光発電の原理

p 型の半導体（シリコン結晶のシリコン原子の位置にホウ素などを微量添加したものなど）と n 型の半導体（シリコン結晶にリンなどを微量添加したものなど）を接合したものを **pn 接合**という（**図 7.11**）。

接合部付近のマイナスの電荷を持つ電子とプラスの電荷を持つ正孔（ホール）が反対側へ移動して、それぞれそこに存在する正孔および電子と結合して消滅し、あとに電子と正孔の空乏層とともに電位の勾配ができる。光を当てると、半導体中の電子が励起され（光励起）移動して、p 型側には正孔が、n 型側には自由電子が新たに生じる。この正孔と電子は、pn 接合界面の電位勾配により界面の両側に分かれて存在するので、外側を電気的につなぐと、そこを電気が流れる。つまり、光により起電力が発生し（光起電力）、電気が流れる（光電流）ことになる。この原理を利用した太陽光発電デバイスが**太陽電池**である。

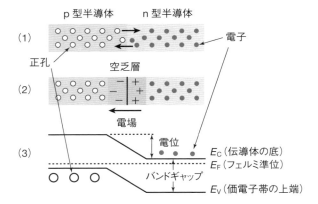

図 7.11 pn 接合と光起電力発生のしくみ
(1) p 型と n 型半導体の接合で伝導電子と正孔（ともにキャリア）が互いに拡散し、(2) 接合部にキャリア空乏層が形成され、(3) 平衡状態ではバンドが曲がりフェルミ準位が一致。

b. 太陽電池の種類と効率

用いる半導体材料の種類によって光励起に必要なエネルギー（バンドギャップ）が異なり、太陽光の波長がうまくマッチしたりしなかったりする。また、

表 7.5 おもな太陽光発電素子とその特徴

	シリコン系			化合物半導体		
	単結晶	多結晶	アモルファス	III-V族	CIGS	CdTe
効率（％）（モジュール）	15〜20	10〜15	7〜10	28	10〜15	10〜12
おもな用途	住宅	住宅	電卓など	宇宙など	大規模	
問題点	コスト	やや低効率	低効率 低耐候性	高価 有毒	希少元素	

光励起の効率や、正孔と電子が再結合して消失する確率も、材料により変わる。これらを変えて、変換効率、耐久性、安全性、経済性の異なる多様な太陽電池が考案されている。なお、変換効率とは入射太陽光のエネルギーに対する発電量（エネルギー）の比である。

おもな太陽光発電素子とその特徴を**表7.5**に示す。シリコン系が多い。多結晶シリコンは、比較的効率が良く低コストなので、家庭用やメガソーラーに広く使われている。アモルファス（非晶質）シリコンは、薄膜にして電卓などに使われる。シリコン系半導体太陽電池の変換効率は最大で30％程度とされる。III-V族化合物半導体（註）の一つ、（銅（Cu）、インジウム（In）、ガリウム（Ga）、セレン（Se））からなるCIGSは、変換効率が高く近年研究開発が活発な材料である。ただし、セレンは有毒なので、管理しやすいメガソーラーに適している。無機系以外に有機半導体の開発も進んでいる。

註）短周期型周期表のIII族に属するアルミニウム、ガリウム、インジウムなど（長周期型周期表では13族）とV族のリン、ヒ素、アンチモンなど(15族)からなる化合物をベースにした半導体。

c. 太陽光発電の見通し

太陽光発電は、設備ユニットが比較的小型で分散型として使えることが利点である。他方、課題には、① 天候による発電量の変動が大きい、② コストが高い、③ 広大な面積が必要なことがある。発電設備には、太陽光デバイス（セルという）を並べたモジュールのほかに、周辺機器（集電、直流・交流変換など）

や架台が必要で、これらのコストダウンも効果があるが、全体のコストダウンにはセルの変換効率の向上が最も有効である。変換効率の飛躍的な向上を目指して、現在開発中の太陽電池には以下のものがある。

(1) 多接合型太陽電池；光吸収の波長域が異なる複数のpn接合を積層して、太陽光を変換する方法。吸収領域が拡大され、30％以上の変換が可能。

(2) 量子ドット型太陽電池；半導体素子をナノ粒子にすると、光の吸収領域が量子井戸効果により広がる。研究段階だが、積層により60％の変換効率を記録した。

(3) 集光法の改良：光をレンズや鏡で集光してから変換する方法。必要面積はそう変わらない。

(4) 色素増感型(グレッツェル型)。色素と酸化チタンを組みあわせた湿式法で、色素が光を吸収する。

d. 太陽熱発電

レンズや鏡で太陽光（熱）を集め、水などを直接的に加熱、蒸発させて、その蒸気でタービンを回して発電する方法である。太陽の動きにあわせレンズや鏡の向きを自動的に変えて効率をあげる。大型装置の実証実験が日照が強くて長い諸地域（米国、サハラ、中東）で進められている。

e. 太陽熱温水器

屋上に集熱器を設置して、器内の水を暖めて蓄熱、給湯するシステムである。太陽光発電にくらべ、コストが安く効率は同程度以上なので、1970年代に日本でも普及した。最近はあまり増えていないが、コストパフォーマンスを考えると再考に値する。

f. 太陽光を利用した水分解による水素製造

太陽光発電により水を電気分解する方法、光触媒を利用して太陽光により水から水素を直接製造する方法、太陽光で熱化学的に水を分解する方法の三つがある。将来的に期待されるが、実用化にはしばらく時間がかかりそうである。

3) 風力発電

風により風車の羽根（ブレード）を回し発電する。粉ひきや揚水など、動力

としての利用は古くからあるが、発電への利用は19世紀末からである。近年になって、世界各地で発電への応用が急速に拡大して、新再生可能エネルギーのなかで設備容量も発電量も最大となっている。その様子を図7.10に太陽光発電とともに示した。

2014年における風力発電設備の導入量は、世界で3億7,000 kW、中国がその3割を占め、米国＞ドイツ＞スペインがつづく。ドイツは壮大な洋上風力発電の建設計画をバルト海沿岸で進めている。現在、全電力の3〜4％、一次エネルギーの1〜2％を占める(2013)。風力発電の潜在的可能性(風力ポテンシャル)は非常に大きいが、実際には、適当な風速が長時間継続して得られる("風況がよい")地域は限定される。また、山間部や洋上などでは建設費や消費地への送電コストが高くなる。

風車には、抗力(風力に対する反作用の力)を利用して回転するものと、羽根の両側を流れる風速の差によって生じる揚力(飛行機の翼と同じ原理)を利

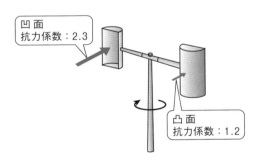

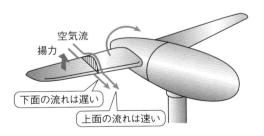

図 7.12　風力発電−揚力型と抗力型の風車（本間ら，2012 より改変）

用するものがある。両タイプの典型的な装置を**図7.12**に例示する。揚力を利用する場合は、風速よりも速い回転が得られるので発電に多用される。また、風の方向と羽根の回転が同方向のもの（水平軸）と垂直（垂直軸）のものがある。

大型の発電用風車は、揚力を利用するプロペラ型で水平軸のものが多い。1,000～2,000 kW規模のものは、羽根の直径と塔の高さが60～80 mに達する。風車の受けるエネルギーは、風速に対して非常に敏感で（3乗に比例）、エネルギー変換効率は通常30～50％である。

風力発電の問題点は供給の不安定性にある。風速が小さくても大きすぎても羽根は回転しない。ふつう、羽根の回転は風速3～5 m/sで始まり、12～14 m/sで最高値に達し、それ以上では風力の一部を逃がさざるをえない。風速24～25 m/s以上になると、強度が耐えられないので停止させる。通常の稼働率は15％程度とされる。

4) 地熱発電

地熱発電は、地表付近に到達した地球内部の熱を熱水や水蒸気として取り出し、タービンを回して発電する。地中深く掘ればどこでも高温が得られ地熱発電が可能だが、経済的、技術的理由から限界がある。たとえば、地中へのパイプは深さ1～3 kmが限界。地表へ到達する地熱の総量は、人類のエネルギー総消費量の3倍程度あるとの推定もあるが、現実に利用可能なわけではない。「あること」と「使えること」は違うことを示す例の一つである。

火山、温泉の多い地域が地熱発電に適している。**図7.13**に地熱資源量と設備容量を国別に示すが、日本は、地熱資源量が多い割に発電設備量は非常に少ない。世界の地熱発電量は、電力の約0.3％で、風力、太陽光発電、バイオ発電にくらべると少ない。

地熱は、安価であること、出力が安定していることが最大の特徴である。取り出せる温度が低いため発電効率は低いが、燃料費用が低いので安価な発電法になりうる。ただし、初期投資額が一般に大きく建設期間が長いことが問題である。また、周辺の自然や温泉に対する環境影響を含めた環境アセスメントにも長期間を要する。そのため、日本では建設がしばらく途絶えていたが、近年、

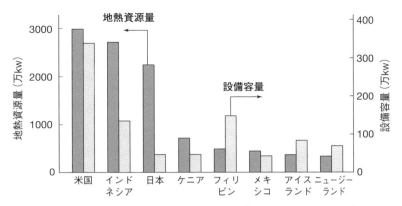

図 7.13 国別の地熱資源量と発電設備容量（『エネルギー白書』2016）

規制が緩和され普及が図られている。

地熱発電の方式には、大別すると、以下の3方式がある。

(1) ドライスチーム式。地中の高温高圧の水蒸気（180〜350℃）をパイプで地上へ導き、タービン発電機を回して電気を得る。理想的だが適合例は少ない。

(2) フラッシュ式。広く使われている。高圧の熱水（180℃以上）を、地上の蒸発器で熱水と水蒸気に分離し、水蒸気で発電する。熱水は地中に戻される。

(3) バイナリー式。比較的低温の水・水蒸気（70〜150℃）により、水より沸点の低い第2の熱媒体（炭化水素など）を気化させ、その蒸気で発電する。熱源の温度が低いため効率は低いが、低温排熱の利用も可能である。

7.4.3　バイオマスエネルギー

バイオマスとは、生物由来の資源のうち、エネルギー（燃料）、各種材料の原料、そして食糧として相当の量が利用可能なものである。エネルギーに利用するバイオマスを**バイオマスエネルギー**とよぶことにする。再生可能エネルギーの一つだが、別項として取り上げる。

1) カーボンニュートラル

バイオマスエネルギーに含まれる炭素は、もともと大気中の二酸化炭素が光合成によって固定されたものである。したがって、燃焼して二酸化炭素になっ

ても、元に戻るだけなので大気中の二酸化炭素が増加しない。このように、バイオマス燃料から発生する二酸化炭素の量をゼロとみなすことを「**カーボンニュートラル**」という。

しかし、これは、バイオマス燃料のライフサイクル全体で、正味の二酸化炭素の排出がゼロになるということではない。バイオマスを栽培、収穫してバイオマスエネルギーに転換するまでに、相当量の化石エネルギーを消費する。そして、その分、大気中の二酸化炭素が増加する。

バイオエタノールの例を考えてみよう。**表7.6**は、LCAで計算した「生産されたバイオエタノールのエネルギー」に対する「製造過程で投入された化石エネルギー」の割合である。この計算例は、数ある計算例の中で、比較的信頼性が高いとされている。

表7.6 生産したバイオエタノールのエネルギーに対する製造時に投入した化石エネルギーの割合

原料	バイオエタノール/投入化石エネルギー
サトウキビ(ブラジル)	7.9
トウモロコシ(米国)	1.3
甜菜(英国)	2.0
バガス、モラセス(インド)	32〜48

バガスはサトウキビの搾りかす。モラセスはしぼり汁から砂糖を分離した残り汁。

表7.6によると、ブラジルでサトウキビから製造されたバイオエタノールのエネルギー量は、製造過程で投入される化石エネルギー(二酸化炭素を排出)の7.9倍ある。7.9－1＝6.9が利得になるので(マイナス1は化石エネルギー消費分)、十分意味がある。他方、米国でトウモロコシから製造すると、得られるバイオエタノールエネルギーは、製造過程の化石エネルギー投入の1.3倍しかない(利得は1.3－1.0＝0.3)。この場合、誤差や計算漏れを考えると、化石エネルギーをそのまま燃料に使ったほうがよいかもしれない。

ブラジルと米国間のこの大きな差は、サトウキビとトウモロコシの違いによるのではない。米国では、近代的農業(機械化された農業、合成肥料・農薬の

大量使用)で栽培したトウモロコシを原料として近代的工場でエタノールを製造するので、これらの過程で化石エネルギーを大量に消費する。これに対して、ブラジルでは、エネルギー源が、おもに人間、家畜の労働力と農業廃棄物なので、化石エネルギーの消費が少ない。これが、両者が違う原因である。表7.6のほかの例も同様。なお、化石資源由来のガソリンもその製造過程で化石エネルギーを消費するが、その量はガソリンのエネルギーの1割弱である。

2) バイオマスの賦存量と生産量

バイオマスエネルギーは、原料の種類によりエネルギー作物系、廃棄物系、その他(薪、間伐材、農業残渣など)に分類することもある。エネルギー作物とは、エタノール製造用のサトウキビ、トウモロコシやディーゼル燃料用の菜種、ヒマワリ、オイルパームなど、廃棄物は、建設廃材、黒液(パルプ産業の廃液)、生活廃棄物などである。

バイオマスの賦存量は、推計が難しくデータがばらついているが、概略をまとめて**表7.7**に示した。光合成で固定化される量(純一次生産 = 光合成総量 − 呼吸で消費される量)は、炭素量として年間約550億トン(CO_2として約2千億トン)との推計がある。

表7.7 バイオマスの賦存量と利用量 (TOEは石油換算トン)

純一次生産量	利用可能量	利用(導入)量
約600億 TOE/年	約50億 TOE/年	約12億 TOE/年

固体のバイオマスを液体燃料に変換する場合、副生物が多く、量が大幅に減るうえ変換過程でエネルギーを相当消費することが多い(表7.6)。このことを考慮すると、バイオマスは、液体燃料や電力に変換するより、そのまま燃焼して直接的な加熱に利用するほうが、はるかに利用効率が高い。したがって、直接的な熱利用が可能な場合は、それを優先するほうがよいであろう。

新バイオマスエネルギーのうち、輸送用液体燃料として利用されるバイオエタノールとバイオディーゼルについて(約4%を占める)、以下にやや詳しく

述べる。EUでは輸送用燃料の20％をバイオ系に転換する目標を立てている。世界のバイオ系液体燃料の製造量は、過去10年間で4倍になり、2014年で1億3,000万kLに達した（バイオ燃料のデータはおもにREN21による）。

3）バイオエタノール

バイオエタノールとは、サトウキビまたはトウモロコシ（約6：4）から製造されるエタノールのことで、ガソリンに代替、またはガソリンに一部混合して利用される。2014年に、世界で約9,500万kL生産された。エタノールの最大生産国は米国で、ついでブラジルがその半分程度である。

バイオエタノールは、糖類を経由してアルコール発酵により製造される（$C_6H_{12}O_6 \rightarrow 2C_2H_5OH + 2CO_2$）。発酵で得られるアルコールは濃度が薄いので（約10％程度）、99.5 vol%まで濃縮して燃料用エタノールとする。この濃縮に大量のエネルギーを必要とする（分離膜による省エネが試みられている）。

サトウキビを原料とすると、糖質が直接得られるが、トウモロコシの場合、でんぷんを酵素（または酸）によりいったん糖類に転換してから（糖化という）、アルコール発酵する。木材の場合、3段階になるが、最初のセルロースの分離と糖化のプロセスが難しい。食糧との競合を避けるため、非食用の草木のセルロースを原料とする方法の研究開発が進められているが、今のところ実用化の見通しは得られていない。

これらのプロセスを簡単に比較すると、**図7.14**のようになる。

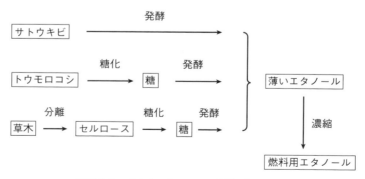

図7.14 バイオエタノールの製造プロセス

4) バイオディーゼル

油脂の主成分は脂肪酸とグリセリンのエステルである（註）。油脂中のグリセリン部分を3分子のメタノールと置換して得られる脂肪酸のメチルエステルが（1式、エステル交換という）**バイオディーゼル**である。**FAME**（Fatty Acid Methyl Ester）あるいは **BDF**（Biodiesel Fuel）ともよばれる。軽油に混合するか、あるいはそのまま軽油のかわりにディーゼルエンジンの燃料として利用される。

$$(C_nH_{2n+1-2m}COO)_3C_3H_6 + 3CH_3OH$$
$$\text{油脂} \quad\quad \text{メタノール}$$
$$\longrightarrow 3C_nH_{2n+1-2m}COOCH_3 + C_3H_5(OH)_3 \quad (1)$$
$$\text{FAME} \quad\quad \text{グリセリン}$$

註）油脂には、欧州では菜種油（rapeseed oil）が、南北アメリカでは大豆油（soybean oil）が、東南アジアではパーム油（palm oil）がおもに使われる。含まれる脂肪酸は、炭素数（n）が15または17の直鎖状炭化水素の末端にカルボキシ基（-COOH）が存在する分子で、炭素鎖に二重結合（不飽和結合）が0～2個（m）ある。油脂によって炭素鎖の長さと二重結合の数が異なる。

グリセリンは、炭素数3のアルコールでヒドロキシ基（-OH）が3個ある。油脂は、このOHそれぞれに脂肪酸1分子が結合したものである。

バイオディーゼルは、世界で年間約3,000万kL生産され（2014年。日本の軽油が3,400万kL/年）、EU諸国と米国が主要な生産国である。植物油全体の15％程度を使用しているが、全ディーゼル燃料に占める割合はそう多くない（5％程度か）。植物油のほかの用途は食用と界面活性剤（化粧品、洗剤）である。

カーボンニュートラルを前提としたLCAの試算例によると、軽油をバイオディーゼルに置き換えた場合、二酸化炭素排出量は約半分に減る。ただし、これらには、後述する土地利用の変化による二酸化炭素排出は考慮されていない。

5) バイオマスエネルギーの課題と将来展望

a. 量の問題

バイオマスエネルギーには、エネルギー密度が低い問題（第3章5節参照）

と食糧との競合の問題があり、燃料の相当部分を置き換えるほどの大量普及は難しい。

現在、600～700万 ha の農地から4億トンのサトウキビが収穫され、その約半分のサトウキビから約1,500万トンのエタノールを製造しているので（2005年）、収率は重量基準で1割弱である。また、たとえ、世界で毎年生産される穀物の全量を食べずにエタノールに変換しても、人類が毎年消費する一次エネルギー総量の4～5％にしかならない。廃食用油など廃棄物も原料になるが、原料となる廃食用油の総量は多くない。

b. LCA（二酸化炭素、エネルギー）

二酸化炭素の削減効果や省エネルギー効果は、地域や製造法により大幅に変わる。土地利用の大きな変化をともなう場合や化石燃料の使用量が多い製造法は、前述のように削減効果がなくなる恐れがある。EU は、35％以上削減できることを持続性の認定基準としている。

土地利用の変化とは、森林を開拓してエネルギー作物用の畑に転換することで、その際、土壌に含まれる炭素成分が大量に二酸化炭素として放出する。土壌の炭素含有量が復旧するのに10年以上かかるとされる。また、利用量が増えると、エネルギー消費、二酸化炭素排出の問題のほかに、森林破壊、生活の変化など、自然、景観、生態系や社会への影響も無視できなくなる。

c. コスト

バイオエタノールのコストも地域や製造法に依存する。たとえば、ブラジルでは経済的に成立しているが、米国では相当額の補助金を必要とする。高価な日本の農産物から生産した場合、さらに多額の補助金が必要であろう。ブラジルから日本へ輸入した場合は、輸送と輸入後の脱水精製にコストがかかる。

EU のバイオディーゼルは相当な額の補助金により成立している。補助金には、二酸化炭素削減と農業保護の二つの目的があるものと思われる。廃食用油を利用する場合は、汚れた油の精製と品質保証にコストがかかる。

d. 食用との競合

バイオエタノール原料のサトウキビは砂糖に対して、トウモロコシは飼料、

食用に対して、バイオディーゼル原料は食用油に対して競合する。急激な拡大は食糧、飼料の価格高騰などの問題を生じる。

e. バイオマスエネルギーの将来

上述の諸課題があるものの、再生可能でかつ二酸化炭素の排出削減が可能であることはバイオマスエネルギーの最大の特徴である。基幹的エネルギーに対する補助的な役割を期待し、効率の高い直接的熱利用を重視し、さらに、廃棄物や熱電併給を地域全体で活用するなどの工夫により、経済的にも自立する道はあるのではないだろうか。

7.5 原子力発電

(1) 原子力発電の概要

一次エネルギーの一つである**原子力発電**は、原子核分裂にともなう熱で蒸気を発生させて、火力発電と同様に、タービンを回して発電する。燃料は、放射性を有する（＝核分裂しやすい）質量数235の**ウラン同位体**または質量数239の**プルトニウム同位体**である。核分裂によって発生した中性子が、さらに別のウラン、プルトニウム同位体を分裂させ、連鎖的に分裂反応が進む。連鎖反応が起こる状態を臨界状態というが、この状態を安定的に持続させて電力を取り出す装置が**原子炉**である。

現在、日本での発電量は、福島の原子力発電所（原発）の事故以後、非常に少ないが、世界では一次エネルギーの5～6%、電力の10数%を占める。2014年現在で稼働中の原発は、世界で426基、約3.9億kWあり、稼働率は70～90%である。発電量は、米国が最大で、フランス、ロシア、韓国がつづく。また、ヨーロッパ、アジアの多くの国で原発の建設計画があり、原発の数は世界のエネルギー需要の増加に合わせて今後も徐々に増加し、全一次エネルギーに占める割合はあまり変わらないものと予測される。

(2) 原子力発電の利点と問題点

　原子力発電は、二酸化炭素の発生が少ないので、二酸化炭素の排出削減の有力技術として期待され、日本でも多くの原子炉の建設が計画された。原発1基当たりの発電量が多く、当時の推計では発電コストが最も安かった。しかし、2011年の福島原発事故で分かるように、事故の後処理に膨大な費用を要する。それでも、原発の発電コストは各種電源の中では低いほうではあろう。

　他方、原発は操業時の安全性や放射性廃棄物の環境負荷に大きな問題を抱えている。まずは、事故に対する**ハード**、**ソフト両面**で**事前**、**事後**の対策を確立し、さらにこれらを**継続的**に改善する風土を定着させる必要がある。この点で大きな欠陥がありながら放置されていたことが、福島原発事故によって明らかになった。この事故は、科学者・技術者にとって痛恨の極みであった（コラム「福島原発事故」参照）。さらに、使用済み核燃料の処理法が未解決であることも深刻な問題である。安全な原発を期待したいが、今のところ、上述のようにいくつもの未解決の課題を抱えている。

原子爆弾と水素爆弾

　原子爆弾（原爆）は、高濃度のウラン235またはプルトニウム239を瞬間的に臨界状態に到達させ急激な核分裂を起こすものである。起爆には、砲身方式と爆縮方式があり、ともに原爆の空間内に分けて装着した核燃料を必要なときに合体させる。広島へ投下されたものは砲身方式のウラン爆弾、長崎は爆縮方式のプルトニウム爆弾であった。当時の原爆の威力はTNT火薬（トリニトロトルエンを主成分とする火薬）約2万トン相当だが、現在の原爆の威力はその1000倍以上になっているという。

　水素爆弾（水爆）は、爆弾内に装着した原爆を起爆装置として高放射線、超高圧、超高温を発生して、爆弾内で重水素、三重水素の急激な核融合を起こすものである。原爆にくらべ格段に威力が大きい。

　現在、世界に約1万6000発の核弾頭があり、その大部分を米国とロシアが保有しているとされる。原爆は科学技術者の社会的責任に関して重い課題を提起した。

（3）平和利用と軍事利用

　原子力は、エネルギー（電力）としての利用以外に、治療や診断など医療用および材料加工や表面改質など材料技術への幅広い応用がある。このほかに、深刻な問題に核兵器への利用がある（コラム「原子爆弾と水素爆弾」参照）。原子炉の運転で必然的に生成するウラン 235、プルトニウム 239 は、濃縮すれば**核爆弾**になる。そのため、核不拡散条約とそれに基づく国際原子力機関（IAEA）により、国際的な監視・管理が強化されているが、混迷を深める国際政治の中で実効を上げることは容易ではない。

（4）ウランのライフサイクル

1）ウランの採掘と濃縮

　ウランの埋蔵量、生産量は表 7.1 にある。原子力発電の燃料となるウラン 235 は、通常、約 3〜5％まで濃縮される。ウラン 235 を約 0.7％含む天然ウラン鉱石（大部分はウラン 238）から気体のフッ化ウラン（UF_6）を得て、$^{235}UF_6$ と $^{238}UF_6$ の分子量のわずかな違いを利用して遠心分離法またはガス拡散法で濃縮する。

2）原子炉

　原子炉では、中性子線の速度と量を制御して、ウラン 235 またはプルトニウム 239 の核分裂が定常的に進行する状態（制御された臨界状態）に保つ。

　熱を取り出す媒体や減速材により、軽水炉、重水炉、黒鉛炉、ガス炉がある。軽水炉には、炉内において常圧で水から水蒸気を発生する沸騰水（Boiling Water）型と、加圧高温水を原子炉外で熱交換して水蒸気を発生させる加圧水（Pressurized Water）型がある。日本の原発はすべて軽水炉で、沸騰水型と加圧水型がほぼ同数ある。これらを**図 7.15** に模式的に示す。

　軽水炉の核心は圧力容器の中にある**炉心**部分である。炉心には、核燃料棒と中性子線制御棒が多数挿入されていて、これらの隙間を水が流れて核分裂で生じる熱を運び出すとともに炉心を冷却する。この熱で水蒸気を発生させ蒸気タービンを回して発電する。

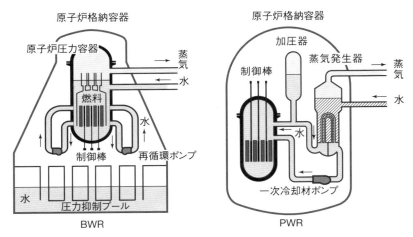

図 7.15 原子炉の構成（軽水炉）（『エネルギー白書』2016）
沸騰水型（BWR、左）と加圧水型（PWR、右）。

3) 使用済み核燃料と放射性廃棄物の処理

　原子力発電において、**放射性廃棄物**の処理は、原子炉の安全運転・廃炉と並んで最大の課題である。劣化して取り出された**使用済みの核燃料**は、まだ高い放射能を有するので高レベル放射性廃棄物とよばれる。このほか、原子炉および関連施設で発生する低レベル放射性廃棄物がある。

　わが国の場合、約 17,000 トンの高レベル放射性廃棄物が、原子力発電の関係施設に保管され、この量は一年で約 1,000 トンずつ増加する。現在、日本は国内外に約 48 トンのプルトニウムを保有しているが、これは数千個から 1 万個分の原子爆弾に相当する。

　使用済み核燃料には、プルトニウム 239 と未分裂のウラン 235 が存在するので、わが国は、**図 7.16** に示す再処理プロセスにより、燃料として再利用する計画である。国内の青森県六ケ所村に再処理工場を建設したが、いまだ運転に至っていない（現在は、英仏において再処理）。再利用されない廃棄物はガラス中に混ぜ込んで（ガラス固化体という）、30〜50 年貯蔵して冷却したのち、地中深く埋蔵する予定になっている。

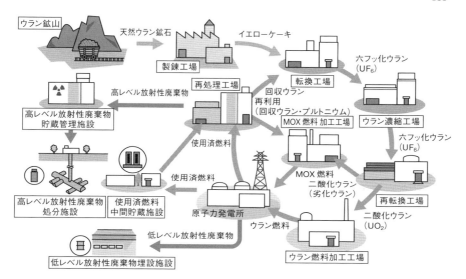

図 7.16 核燃料の再処理プロセスを含むウランの
ライフサイクル(『エネルギー白書』2016)

　低レベル放射性廃棄物は、濃縮・減容したあと、セメントとともにドラム缶に詰め、地中に埋蔵されるが、それまでは、発電所などの敷地内貯蔵地に保管される。その量は、現在200Lドラム缶、約100万本になる。放射能がさらに低い廃棄物が大量に発生するが、放射能レベルが自然界にくらべ十分に低い廃棄物は、通常の廃棄物と同様に処分される。

4) プルサーマル炉と高速増殖炉

　プルサーマル炉は、軽水炉の使用済み燃料を再処理して得られるウランとプルトニウムを含む混合酸化物(MOX)を燃料とする原子炉で、少数だがすでに稼働している。さらに進んだ原子炉に**高速増殖炉**がある。MOXを燃料とし、核燃料物質を増殖させつつ核分裂を起こすタイプで、新たなウラン資源を必要としないと同時に高レベル放射性廃棄物を処理できるという利点もある。しかし、原型炉もんじゅの運転にめどが立たず、ついに廃炉されることになった。増殖炉がないと、図7.16の再処理による燃料リサイクルが成立せず、プルトニウムが蓄積する。何らかの対策を早急に立てる必要がある。

(5) そのほかの課題と展望

1) 廃炉問題

原子炉の運転を停止したのち、炉を安全に解体し、発生する廃棄物を安全に長期間貯蔵する必要がある。まず燃料を搬出したのち、配管などを除染し、放射能が減衰するのを待ってから解体撤去する。全工程に20年以上かかる。

2) 次世代原子炉

現在の原子炉にくらべ、安全性が高く、燃料利用効率に優れた原子炉（燃料の使い尽くしや使用済み燃料の再利用）や、廃棄物の処理が容易な原子炉（放射性廃棄物の減量、低レベル化、短寿命化）の研究開発が進められている。

COLUMN

福島原発事故

2011年3月11日14時46分ごろ、マグニチュード9.0の東北大地震が発生し、その小1時間後に、高さ約13メートルの津波が、福島第一原発（1～6号機、総発電容量468万kW）を襲い、1～4号機に炉心損傷（メルトダウン）、水素爆発、放射性物質の漏えいなどの過酷事故が起きた。なお、5, 6号機は、地震後、無事に冷却停止した。

その結果、多大な被害が多くの付近住民にまで及んだ。現在、被災地の復旧も原発自身の後始末も見通しが立っていない。日本全体に対する影響も甚大で、原子力に対する世論も大きく分かれたままである。

本文でもふれたが、事故前後、安全対策のソフト面・ハード面に深刻な不備があったことが、事故後の調査により明らかになった。このような重大な事故がなぜ起こったのか、現地技術者の懸命な努力にもかかわらず事故がなぜ拡大してしまったのか、多くの疑問と反省点を科学者、技術者そして国、国民に突きつけることになった。被害総額は、金額にして20兆円を超すと推定されている。オリンピック10回分である。

以下に事故の経緯を簡単に述べる。津波により原発は緊急停止し、炉心の継続的な冷却がすぐに必要になった。ところが、地下に集中していた配電盤や非常用電源が浸水し、全電源を喪失する状態に陥って冷却ができなかった。この停電がすべて

の悪夢の始まりである。その後の経緯は1〜4号機で異なる。

　1号機では、自然循環の冷却機が作動したが、そのバルブが電源喪失により自動的に閉まった。しかし、そのことに誰も気づかず放置され、その間、燃料が露出し炉心損傷につながった。2号機の冷却器（1号機とは別種）は、比較的長く約70時間稼働したが、3月14日には停止した。排気弁が、3号機の水素爆発で閉まり、活用できなかったため、温度、圧力が上昇して格納容器の破損に至り、最大量の放射性物質を排出した。3号機の冷却器（2号機と同じ）は、自動起動したが約20時間で停止した。電源が長時間停止した場合の対応マニュアルがなく、対応策が分からないままに誤った対応をした可能性がある。定期点検中で停止していた4号機は、3号機から漏れてきた水素により水素爆発を起こした。

　結局、1〜3号機は炉心の損傷（メルトダウン）にまで至った。事前の安全点検や災害訓練をなおざりにしたために、起こった異常をよく理解できず被害が拡大した。このほかに、国が、「安全神話」のもと、長時間（30分以上）の電源喪失を想定しないでよいとしたこと（註）、災害を地震にほぼ限定したため（そのうえ、福島沖地震の可能性は低いとされていた）、津波に対する想定が極端に甘かったことも、事前の対策が不備になった理由であろう。津波については、当初3.1メートルを想定、その後6.1メートルに改められたが、その対策は未完成であった。

　　　　　　　　　　　　（政府事故調査委員会の解説書を主として参考にした）

註）日本は、外国にくらべ停電率が低いため、安全設計の審査指針では長時間（30分以上）の全電源喪失を考慮しなくてよいとしていた。9.11同時多発テロの後、全電源喪失に対する米国の規制（機材準備）を知らされたが、対応措置をとらなかったという。「安全神話」の落とし穴の一つであった。

7.6　そのほかの新再生可能エネルギーと未利用エネルギー

(1) 波力発電

　波の上下動を空気の流れに変えてタービンを回して発電する。航路標識のブイに実用化されている。太陽エネルギーが風を起こし、風が波を起こすので、元は太陽エネルギーである。設備コスト、環境などの課題があり、大規模発電

には向かない。

(2) 潮汐（潮力）発電

地球の自転、月の公転にともなって、潮の干満が起こる。このときの海水の流れでタービンを回し発電する。発電量の予測ができるというメリットがあるが、コストは非常に高い。

(3) 温度差発電

接触した2種の金属または半導体に温度差を与えると電圧が発生する。このゼーベック現象を利用して、大量に存在する低温の排熱から電力を得る方法がある。また、海洋の上部と下部の温度差を利用した熱機関により発電する海洋温度差発電も考えられている。いずれも大量普及のめどはたっていない。

(4) 未利用エネルギー

未利用エネルギーとは、有効に利用できていない大量のエネルギーのことで、清掃工場などの排熱、河川・下水と外気との温度差などのエネルギーである。大量にあるが低温であるため発電効率は小さい。それでも、大量に存在するがゆえに、高効率、低コストの発電法が研究されている。

第 8 章　材料資源

 ## 8.1　物質フローと材料資源量

　大雑把にいって、世界全体で、**材料原料**として毎年消費される化石系資源が約15億トン（総消費量約130億トン（石油換算）の約1割）、材料用のバイオマス系資源がおよそ20億トン程度、金属系資源が30億トン程度と推定される。無機系資源の量は最大であると思われるが推定が難しい。そのほか、食糧が約30億トン（穀物が約22〜25億トン）ある。

　日本の**物質フロー**を定量的に**図 8.1** に示す（2013年度）。入口の総資源投入量が年間約16.7億トン（国産5.9、輸入8.1、循環量2.7億トン）あり、その内

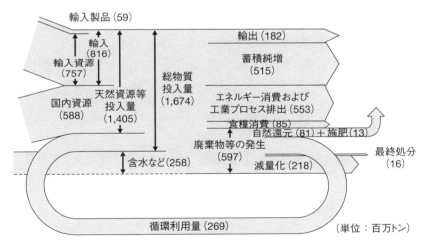

図 8.1　日本の物質フロー（2013）（『環境白書〈平成28年版〉』）
含水などは、廃棄物等の含水量および土砂などの随伴投入量。

訳は、土石など非金属鉱物系資源および化石系資源がそれぞれ約35％、ついで、バイオマス系と金属系資源がそれぞれ約15％である。総投入量は漸減しているが、そのおもな理由は土石資源（砂利、砕石）が減少したことにある。

出口側を見ると、土木・建築物などの蓄積量、エネルギー消費量、廃棄物が約3分の1ずつある。廃棄物の約半分が循環再利用され、最終的に処分される量は投入量の約1割になる。これも、おもに土石資源の減少により漸減しつつある。その結果、資源生産性（＝付加価値額／資源消費量）は年々向上している。

材料資源の課題は各資源について以下に述べるが、全般にわたる懸念は、資源の枯渇（可採年数の問題）である。ついで、資源採掘が引き起こす環境汚染あるいは災害発生などが問題になる。もう一つの大きな問題は、資源が地域的に偏在しているため、国際的な政治経済や気象変動の影響を受けて供給が不安定になることである。

8.2　有機系資源（化石系と生物系）

8.2.1　化石系資源

1) 化石系資源とその流れ

化石系の材料資源は石油、天然ガス、石炭である。いずれもエネルギー用が大部分で、一部が材料用に使われる。これらの化石資源の流れを**図8.2**に示す。石油全体の流れは図7.6、化石資源の賦存量については表7.1参照。生物（バイオマス）系については次項で説明する。

a. 石　油

石油が化石系材料資源の大半を占める。日本、欧州の有機系化学産業は、石油精製で得られる**ナフサ**（沸点範囲30〜200℃の炭化水素混合物）がおもな原料である。ナフサに水蒸気を加えて高温で熱分解すると（スチームクラッキング）、エチレン（C2）、プロピレン（C3）、ブテン、ブタジエン類（C4）のオレフィン類、ベンゼンなどの芳香族がほぼ一定の割合で生成する（C2：C3：C4：ベンゼン類 ≒ 1：0.7：0.4：0.2）。これらのオレフィン（アルケンともいう）や

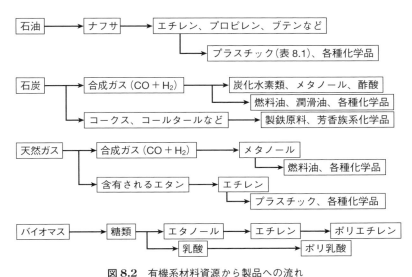

図 8.2 有機系材料資源から製品への流れ

芳香族から大半の有機系化学品が製造される。エチレンを中心とした製造プロセスが集積した工場群を**エチレンセンター**という。

　他方、米国の有機化学産業は、天然ガス中に含まれるエタンの熱分解で得られるエチレンをおもな原料として、プラスチック、各種化学品を製造している。製品は、C2 を単位とするポリエチレンや塩ビ樹脂が多い。今後、非在来型天然ガスであるシェールガス由来のエタンが増えると思われる。なお、C2 を C3、C4 に変換する工業プロセスは存在する。

　世界のエチレン生産能力は 1 億 8000 万トン/年（2015）、国別では米国＞中国＞サウジアラビアの順である。近年、中国、サウジアラビアの生産量の伸びが大きい。日本は年間 700 万トン超のエチレン生産能力があるが、今後、漸減すると予測されている。プロピレンが 600 万トン弱、ブタジエンが約 100 万トンある。最終製品は高分子が多いが（後述）、それ以外の基礎化学品には、酢酸、アセトン、ブタノール、プロピレンオキシド、フェノールなどがそれぞれ日本で 40〜60 万トン/年ある。さらに下流の**ファインケミカルズ**（精密かつ多段階の合成法で生産される製品群）は、一つ一つの製造量はこれらより 1，

2 ケタ以上小さいが、種類が非常に多く、高付加価値である。

b. プラスチックと合成繊維

石油系の製品は、高分子化合物（合成樹脂、合成繊維、合成ゴム）の割合が多い。**表 8.1** に示した**四大汎用プラスチック**と**合成繊維**が代表例であるが、その生産量から規模が理解できよう。合成繊維は、ポリエステルが最も多く、ついでアクリル、ナイロン繊維である。これらのほかに、量はこれらより少ないが、高機能性のエンジニアリングプラスチック（特殊ナイロン、ポリアセタール、ポリイミドなど）や特殊な性質や形状を持った高機能合成繊維がある。

表 8.1 四大汎用プラスチックなどの世界と日本の生産規模（万トン）と主要生産国（2014, 15）

	世界	日本	主要生産国・地域
ポリエチレン	8,570	355	米国、西欧、中国
ポリプロピレン	2,800	240	西欧、米国、中国
塩ビ	4,100	100	中国、米国、西欧
ポリスチレン	1,040	67	中国、西欧、米国
合成繊維	6,100	771	中国、インド、米国

c. 石 炭

石炭は、燃料用と製鉄用の消費が多い。燃料のおもな用途は発電である。製鉄では、石炭を高温で蒸し焼き（乾留）にして得られる**コークス**（炭素が主成分の多孔質固体）が鉄鉱石の還元剤として大量に使われる。このコークス製造時に副生するコークス炉ガスやコールタール、また、ガス化した石炭も燃料や化学品の原料になるが、石油系にくらべると非常に少ない。

かつてコールタールに含まれる芳香族を出発原料とする石炭化学が盛んであったが、現在はその役割は小さい。最近、水素社会との関連で、コークス炉ガス（一酸化炭素が主成分）を水と反応させて製造する水素が注目されているが、利用可能な量は多くない。

石炭のガス化と液化は、エネルギーの安定供給を目的として、長年にわたって研究開発が進められた。液化で得られる液状炭化水素は、石油と同様に、燃

料油や有機系材料の原料として利用できる。しかし、液化は実用化には至っていない。他方、ガス化は実用化された。

d. 天然ガス

主成分のメタンは、反応性が最も低い炭化水素なので、通常は、高温で水蒸気改質（スチームリフォーミング）により**合成ガス**（一酸化炭素と水素の混合ガス）に転換してから燃料油や化学品を合成する。

$$CH_4 + H_2O \longrightarrow CO + 3H_2$$

すでにメタノール合成や燃料製造の大規模工場が稼働している。エタン、プロパンを相当量含有する天然ガスは、前述のように化学原料として利用される。

このほかに、メタンを直接的に反応性の高い分子に変換する試みがある。メタンからメタノールやホルムアルデヒドを合成する反応は（CH_4, $O_2 \rightarrow CH_3OH$, $HCHO$）、反応式を見ると簡単そうにみえるが、収率（＝転化率×選択性）をあげることは非常に難しく、チャレンジがつづいている。

次式によりメタンを二量化してエタン、エチレンを製造する方法も、長年にわたって活発な研究が進められている。副反応であるメタンの燃焼反応を抑えながら、エタン、エチレンの収率が現在の約20〜25％から30〜35％のレベルになれば、実用化が可能だとされる。

$$2CH_4 + (1/2)O_2 \longrightarrow C_2H_6 + H_2O$$
$$2CH_4 + O_2 \longrightarrow C_2H_4 + 2H_2O$$

e. 合成ガスとメタノール化学

合成ガスは石炭からも得られる。天然ガス、石炭を出発原料とする大規模な化学工場が、南アメリカ、中東などで稼働している。吸熱反応なので、熱を外部から供給し高温で反応させることが必要だが、熱回収などが進み工場全体としての熱効率は高いレベルにある。反応ガスに少量の酸素を加え、メタンの一部を燃やし、その燃焼熱を利用する方法もある。

水蒸気の代わりに二酸化炭素を用いて、天然ガスを合成ガスに改質する**ドライリフォーミング**も注目される。2種類の温室効果ガスを原料として、化学原料として有用な2物質（H_2とCO）が得られる点で意義深い反応であるが、実

用化には至っていない。

$$CH_4 + CO_2 \longrightarrow 2H_2 + 2CO$$

化学平衡論的な制約により転化率が高くならないこと、副反応や炭素析出が起こりやすく触媒の劣化が速いこと、生成物中の水素の割合が低いこと（メタノール合成に必要な H_2/CO 比は 2）が課題である。

合成ガスからメタノールを合成し（$CO + 2H_2 \rightarrow CH_3OH$）、このメタノールを出発原料として各種化学品を製造する化学産業が広がりつつある。メタノールは、世界で年間に約 6,000 万トン生産される重要な基礎化学品で、ホルマリン、酢酸などの化学品へ約半分、燃料用に約 1/3 が消費される。ゼオライト触媒を用いて、メタノールからエチレン、プロピレンを製造する MTO（メタノールからオレフィン）、MTP（メタノールからプロピレン）プロセスが開発され、すでに中国、中東で稼働している。前述のように、これらのオレフィンから大部分の有機系化学品の製造が可能である。

2）化石系資源の課題

化石系資源の課題は、資源の枯渇と燃焼による二酸化炭素の発生であるが（第7章）、化石資源の材料への利用は、エネルギー用途にくらべると量的には格段に少ないので、材料に関しては、これらの課題は相対的に小さい。ただし、エネルギー需給動向の大きな影響を受けるので、その点の注意が必要である。

エチレンセンターは、多数の蒸留分離プロセスを抱えているためエネルギー消費が非常に大きいので、その効率化が期待される。また、メタン、石炭、バイオマスなど多様化する原料からの基礎化学品を製造するプロセスの反応効率と分離効率の向上も課題である。プロセスの革新により大幅な省エネと効率化を実現した例に、ポリプロピレンの製造がある。気相、無溶媒で機能する高機能触媒が発明され溶媒分離のプロセスが不要になり、また、使用する触媒量が激減して触媒分離も不要になった。分離プロセスは一般にエネルギー多消費なので、その省略は省エネ効果が大きい。

8.2.2 生物（バイオマス）系資源

1) バイオマス系資源の特徴

バイオマス系資源も多様な用途に大量に使われる。再生可能性と二酸化炭素削減効果（カーボンニュートラル）が主要なメリットである。古くからのバイオマス製品である木材、天然ゴム、紙の消費量は現在でも非常に多く、その量は、化石資源から化学合成法で製造されるプラスチック、合成ゴムに匹敵する。天然製品と合成製品の量的な比較を**表8.2**に示しておく。

表8.2 天然有機製品と合成有機製品の量的な比較

天然	合成
木材（伐採量約35億 m^3）	プラスチック（約2億トン）
天然ゴム（約1,100万トン）	合成ゴム（約1,500万トン）
天然繊維（約3,000万トン）	合成繊維（約6,000万トン）、うち半合成繊維（400万トン）
発酵法エタノール（約1億 kL）	合成エタノール（約1,000万 kL）（日本40万 kL）

紙は植物由来のセルロースで、大部分が木材からパルプを経由して作られる。繊維材料には、綿、麻、毛、絹などの天然繊維と、レーヨン、ベンベルグなどの半合成繊維（セルロースをいったん溶解したのち再繊維化。再生繊維ともいう）があり、両者をあわせると合成繊維の半分以上になる。

これら従来型のバイオ材料は、いずれも天然原料成分の分子構造を活かしたバイオ製品であり、その利用量が大きい。したがって、その製造プロセスや製品の開拓、改良も、新規バイオ製品・プロセスの開発と同程度に意義がある。最近注目されるセルロース系の高強度繊維や建築材料用の新規合板もその例である。なお、"木材"は用材と薪炭としての利用が半々である。ウルシなどの天然樹脂もあるがその消費量は多くない。たとえば、日本におけるウルシ消費量は年間約50トンで、その大部分を中国から輸入している。

2) バイオ化学品とバイオプラスチック

バイオマスから製造されるプラスチック、基礎化学品、特殊機能材料は、す

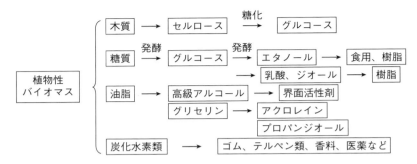

図 8.3 植物系資源から化学製品への流れ(紙、燃料を除く)。
図 7.14, 7.4.3 項 4) 参照。

でに商業化されているが、コストと性能に問題を抱えている場合が少なくない。

おもな**バイオ化学品**には、エタノール、乳酸、コハク酸、フルフラール(トウモロコシから)、酢酸のほか、香料、医薬、塗料など少量多品種な高機能性化学品がある。**図 8.3** に例を示す。

バイオプラスチック(バイオ樹脂)は、糖を原料とするポリ乳酸が世界で数十万トン/年、エタノールからのポリエチレンがブラジルで 20 万トン/年 生産されている。日本でもポリヒドロキシアルカン酸(PHA) 1,000 トン、バイオ系のポリエステル 5,000 トンやポリカーボネート 16,000 トンがある。ただし、石油系プラスチックの世界の総生産量約 1.7 億トンに比較すると、量的にははるかに少ない。

3) バイオマス材料資源のメリットと課題

当初、バイオプラスチックは、生分解性がメリットとされた。生分解性とは、プラスチックが、使用後に自然界で、微生物などによって二酸化炭素と水などに分解されることをいう。かつて、焼却処理が困難な化石資源由来のプラスチックごみが増えたため、ポリ乳酸や PHA の生分解性が注目されたが、現在の改良された焼却炉はプラスチック処理が可能であり、生分解性のメリットは限定的になった。しかし、たとえば、医用プラスチック(手術後に分解)や漁具など(微細化プラスチック粒子による海洋汚染の防止)は今でも有効であろう。

これに対し、近年、再生可能性、カーボンニュートラル性などの"グリーンなイメージ"が重用され、改めてバイオマス原料に関心が集まっている。ただし、メリットについては、エネルギー・資源消費や二酸化炭素排出を考慮したケースバイケースの総合的評価が必要である。

課題の一つは、副生物・廃棄物が多いことである。選択性が高いと思われがちな酵素反応でも、全体の物質収支を見ると副生物が多く、分離・精製プロセスの改良や副生物・廃棄物の活用が欠かせない。

かつて、バイオリファイナリーといって、石油精製－石油化学プロセスの複合体（石油コンビナート）を、すべてバイオ原料、バイオプロセスに置き換える構想もあったが、これは絵に描いた餅でしかない。当面は、両者を補完的に結合するほうがよい。アクリロニトリルの加水分解によるアクリルアミド（合成用原料、土壌・紙改質剤）製造のように、石油コンビナートに組み込んで成功した例は少なくない。

もう一つの課題は、バイオプロセス自体の反応速度が遅いこと、生成物が低濃度の水溶液になることである。上述のアクリルアミドは濃度が高いほうだが、それでも約 50 % しかない。一般に、濃縮には多大なエネルギーを要し、コスト、環境への影響も大きくなる。

このように課題は残っているが、再生可能性、カーボンニュートラル性、地域性、特有の複雑な分子構造などを活かした高付加価値製品の開拓により、利用は、化石系材料を補完しながら徐々に広がるであろう。むしろエネルギー問題、地球温暖化とは関わりの少ないところで展開する可能性がある。

8.3　金 属 系 資 源

8.3.1　金属の生産量

最も大量に使われている金属材料は鉄で、アルミニウム、マンガン、銅とつづく。鉄鋼は世界で 15 億 8 千万トン/年 生産される。この量は、鉄鋼原料となる銑鉄生産量 11.1 億トンより多いが、それは回収した鉄スクラップを原料

とする鉄鋼が相当量あるためである。アルミニウムの生産量は4,600万トン/年、ついでマンガン2,400万トン/年、銅2,000万トン/年、亜鉛1,300万トン/年である。

金属は、金属光沢性、熱伝導性、導電性、熱膨張性、展性などの特徴を有している（註1）。また、金属元素は、ほかの元素と合金、金属間化合物、複合組織を形成して、強度、硬度、靱性、耐食性、磁性などの物性を大幅に変えることができる。その結果、金属には多種多様な用途がある。

註1) 元素は、単体の性質により**金属元素**と**非金属元素**に分けられる。周期表でホウ素（B）、ケイ素（Si）、ゲルマニウム（Ge）、アンチモン（Sb）、テルル（Te）を斜めに結ぶ線が、金属と非金属のおよその境界で、その左側が金属、右側が非金属である。境界付近の元素は**半金属**とよばれることもある。

金属材料はリサイクルに適していることも特徴である。金属材料は、環境内で金属状態を保ちやすいものが多く、回収される金属材料から金属を製造すると、エネルギー消費の大きい製錬過程を回避できるからである。そのため、古くから鉄、アルミニウム、銅、鉛などのリサイクルが進んでいる。有機系材料と違って焼却できないこともリサイクルが進む要因の一つであろう。

8.3.2　金属の資源量

おもな金属の可採埋蔵量、生産量を**表8.3**に示す。埋蔵量は、経済的、技術的に採掘が可能とされる埋蔵量の推定値で、おもに最近の米国地質調査所（USGS）のデータである（註2）。

註2) 将来的に採掘可能なものを含める埋蔵量ベース（reserve base）を採用する統計もある。その場合、埋蔵量は約2倍になることが多い。埋蔵量（reserve）や資源量（resource）に関しては10種を超える用語があるので、埋蔵量自体の確からしさだけでなく、埋蔵量の定義にも注意する必要がある。なお、推定値は、統計間のバラツキがかなり大きい。

いずれにしても、鉄、アルミニウム原料は、可採年数（＝埋蔵量/採掘量）が大きく、近い将来に枯渇する心配はない。可採年数が短い金属もあるが、生

産量は増えているものが多いので、切羽詰まった状況ではない。

表 8.3 おもな金属鉱石とその可採埋蔵量、生産量（世界国勢図会、USGS）

金属 （おもな鉱石）	可採埋蔵量	生産量	可採年数	埋蔵国[*1]	生産国[*1]
鉄 （赤鉄鉱（Fe_2O_3）、 磁鉄鉱（Fe_3O_4））	800 億トン[*2]	13.9 億トン	58 年	豪＞伯＞ロ	中＞豪＞伯
アルミニウム （ボーキサイト （主成分は Al_2O_3））	280 億トン	2.58 億トン	＞100 年	ギニア＞豪＞伯	豪＞中＞伯
銅（$CuFeS_2$, CuS）	6.8 億トン	1,610 万トン	40 年	チリ＞豪＞ペルー	チリ＞中＞ペルー
亜鉛（ZnS）	2.5 億トン	1,280 万トン	20 年	豪＞中＞ペルー	中＞豪＞米
鉛（PbS）	8,900 万トン	470 万トン	20 年	豪＞中＞ロ	中＞豪＞米
マンガン（MnO_2）	6.3 億トン	1,600 万トン	40 年	南ア＞ウクライナ＞伯	南ア＞豪＞中

ボーキサイトを除き、いずれも金属成分についての重量。
[*1] 豪；オーストラリア、伯；ブラジル、ロ；ロシア、中；中国、米；アメリカ、南ア；南アフリカ
[*2] 埋蔵量ベースでは、1600 億トン。

8.3.3 製錬と精錬

原料の鉱石から金属単体を製造するプロセスを「**製錬**」、不純物を取り除き金属の純度を上げることを「**精錬**」という。

金属鉱石の多くは、表 8.3 にあるように、金属の酸化物または硫化物として存在するので、金属に還元する必要がある。金属含有量の高い鉱石を選別したのち（選鉱という）、熱処理、溶解析出、電気分解などを繰り返して、金属単体を得る。純度を上げるにはさらに精錬が必要である。

目的とする金属の含量が高いものを高品位鉱石というが、高品位とされる金属の含量は、金属の価格と製錬・精錬のコストとのかね合いで決まる。鉄やアルミニウムでは数十％の含量が必要だが、銅では 1％程度、貴金属ではその百分の一以下でも高品位とされる（金 5 ppm、銀 50 ppm）。一般に、製錬、精錬は、エネルギー消費が大きく高コストで廃棄物の量も膨大になる。

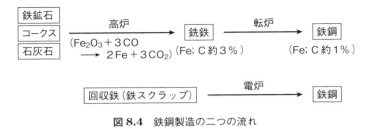

図 8.4　鉄鋼製造の二つの流れ

　金属製錬の例として**鉄鉱石**から**鉄鋼**への流れを**図 8.4**に示す。高さが 100 m におよぶ巨大な化学反応器である**溶鉱炉**（気 − 液 − 固三相系反応器。高炉ともいう）の中に、原料の鉄鉱石、コークス、石灰石（石灰石は不純物除去、鉱石融解、構造保持のため必要）の層を交互に積み重ね、下部から熱風を送り込むと、特定の反応ゾーンで、コークスから生成する一酸化炭素により半融解状態の鉄鉱石が鉄に還元され、無機物（スラグ）とともに下部へ流れ落ちる。最高温度（下部）は 2000 ℃に達する。

　高炉の下部から鉄分とスラグを取り出すが、この鉄は、炭素の含有量が多く銑鉄とよばれる。鉄鉱石約 1.6 トン、コークス約 0.6 トンから約 1 トンの銑鉄が製造される。鉄鉱石の約 30 %（重量）に相当するスラグは、無機系酸化物でセメント原料に利用される（高炉セメント）。

　銑鉄を転炉で酸素と反応させ、銑鉄に含まれる炭素の大部分を二酸化炭素として除去すると、炭素量が 1 % 程度の鉄鋼が得られる。鉄鋼のもう一つの重要な製造経路は、回収された鉄スクラップを原料とするもので、電炉で精製され鉄鋼になる。

　アルミニウムは、酸化アルミニウム（Al_2O_3）を 30 〜 60 % 含む鉱物（ボーキサイト）が原料である。アルカリ水溶液にして、鉄やケイ素を分離したのちに、析出させた水酸化アルミニウム（$Al(OH)_3$）を焼成して酸化アルミニウムとする。これを氷晶石（Na_3AlF_6）とともに高温で溶解し、電気分解でアルミニウム金属に還元する。アルミニウムの電気分解は、消費電力が非常に大きいので、安価な電力が得られる地域においてのみ成立する産業である。回収アルミニウ

ムの再利用（リサイクル）は、この電解過程を回避できるのでエネルギーの利用効率の大幅な改善につながる。

銅は、銅鉱石を高温、酸素下で粗銅としたのち、電気分解により精銅とするが、その際に金、銀が副生する。

8.3.4 金属の用途

金属は、土木、建築などの構造物から産業用機械、電子部品、そして身近な生活用品に至るまでさまざまな用途に利用される。

鉄鋼は、製造法、熱処理、鍛え方により組成、組織が変わり、鋼板、鋼管、構造材、農具、工具、刀剣に作り分けられる。アルミニウムのおもな用途は、構造物材料、輸送機械材料、容器包装材料など、銅の用途は電線などの導電材料、電子部品である。マンガンは、鉄鋼の強度・硬度の改善剤、電池材料などに、亜鉛は、表面処理、各種合金、電池材料などに使用される。

前記のように、金属はほかの元素と複合して利用されることも特徴である。おもな合金とその用途を**表 8.4** に示す。

表 8.4 おもな合金とその用途

主成分	製品	第 2 成分	用途
鉄系	鉄鋼	C*	構造部材、管材など
	高張力鋼	Mo, W, C	構造部材、管材など
	ステンレス	Ni, Cr	構造部材、機器部品など
	永久磁石	B, Nd	モーター
	トタン（亜鉛めっき鋼板）	Zn	缶など
	ブリキ（錫めっき鋼板）	Sn	屋根、外装材など
ニッケル系	ハステロイ	Mo, Cr など	耐食・耐熱性材料
	インコネル	Cr, Fe など	耐食・耐熱性材料
	パーマロイ	Fe, Cu, Mo	磁性材料
その他	ジュラルミン（Al–Cu）		軽量構造部材
	青銅（Cu–Sn）、真鍮（Cu–Zn）		構造材料、表面処理
	ニクロム（Ni–Cr）		発熱体

* 銑鉄は炭素分が約 3 %、鉄鋼は 0.1～2 % 前後、軟鉄は 0.1 % 以下。

8.3.5 金属系資源の課題と対策

累積消費量が、埋蔵量ベース（将来採掘できる可能性があるものも含む埋蔵量）を2050年までに超えそうな金属がいくつもある。そのうえ、資源の乏しい日本は地政学的な影響を受けやすい。とはいえ、省資源とリサイクルの努力をつづけ、国際情勢に目配りをすることで、当分の間、極端な供給不足は避けられるであろう。しかし、長期的にみると、リサイクルを含めた金属資源全体の利用法を改善していく努力が不可欠である。以下に、一般的な課題と対策をあげる。これらは8.5節の希少重要元素にも共通する。

(1) 資源総量の課題。探鉱技術、低品位鉱の利用技術、省資源技術、再利用技術が対策。

(2) 供給不安。資源が偏在し政治経済の影響を受けやすい日本にとっては、国際協調、備蓄とともに、技術的対策が有効。

(3) 製錬・精錬法。エネルギー・資源を大量に消費するプロセスが多いので、製錬・精錬プロセスの効率向上が有効。リサイクル技術の向上にもつながる。

(4) 副生物、廃棄物。高品位鉱でも製品より廃棄物のほうが多い。副生物の処理と利用拡大が重要。

(5) 有害性。有害な金属元素の管理（製品、廃棄物、排水などの適切な管理と除染）が必要。

(6) 資源再利用（リサイクル）。金属はリサイクルに適している。金属資源の効率的なリサイクルは重要な対策（第11章参照）。

8.4　無機系資源

物質フロー（図8.1）において、無機系資源は、重量でみると、資源投入量（入口）の半分近くを占める。これらは、構造材として社会に蓄積されるものが多い。それでも、廃棄物に占める割合は多く、その低減と再利用が徐々に進められている。

コンクリート、ガラス、陶器のおもな原料となる土や石は、地球上に広く大

量に存在するので、資源量は心配ないが、環境破壊の問題がある。

そのほかに多種類の無機系材料が、半導体など光・電子材料に使用される。また、ガラス、陶器の彩色に使う釉薬や日本画の絵具（顔料）の原料にもなる。食用や工業用に消費される食塩は、世界で約2.5億トン/年、日本は年間約800万トン消費する（日本はその約8割を輸入）。塩素・アルカリ工業は食塩の電気分解から始まる。これらの無機系資源の流れを**図8.5**にまとめる。

```
石灰石  ⟶  セメント、コンクリート、その他骨材・道路、製鉄原料
珪石  ⟶  金属シリコン  ⟶  半導体材料、太陽電池、シリコーン樹脂
粘土  ⟶  ガラス、陶磁器、レンガ（耐熱材料）
玉石、砂利など  ⟶  土木建築構造材（コンクリートなど）
塩類  ⟶  塩素・アルカリ工業用（食塩電解）、食用
その他の金属酸化物  ⟶  電子材料、触媒材料、耐熱材料
```

図8.5 おもな無機系資源とその利用
シリコンは元素Si、シリコーンはシリコンを含む有機高分子。

このほかにも、肥料（窒素、リン、カリウム肥料あわせて1.5億トン）、無機繊維（光ファイバーなど）、炭素材料（炭素繊維、黒鉛電極など）、超硬度・耐熱工業材料（酸化物、炭化物、窒化物など）、無機化学薬品などの用途がある。

石灰石は生産量の約半分が**セメント**原料になる。石灰石の主成分は炭酸カルシウムで、これに粘土、珪石などと混ぜて高温焼成したものが**ポルトランドセメント**である。その際、炭酸カルシウムが分解して、大量の二酸化炭素を発生する。他方、廃棄物を混ぜて焼成する場合は廃棄物処理に貢献する。ポルトランドセメントの組成は、酸化カルシウム、二酸化ケイ素（合わせて9割弱）、ついで酸化アルミニウム、酸化鉄である。セメントの世界生産量は約38億トン/年（2012）で、大半を中国が生産している。製鉄の高炉から発生するスラグを原料としたものは**高炉セメント**とよばれる。

半導体、太陽電池の基本材料である**金属ケイ素**（Si、シリコン）は、良質の珪石を原料とする。日本では、低純度の金属ケイ素を輸入し、化学プロセスにより高純度金属ケイ素を製造している（**図8.6**）。用途には、シリコンを含む

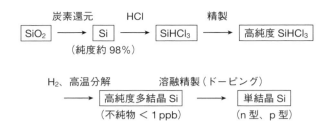

図 8.6 高純度ケイ素の製法
　ドーピングとは、ケイ素結晶に、微量の 5 価（リン、ヒ素）または 3 価（ホウ素）の元素を微量添加し、n 型または p 型半導体にすること。

有機高分子であるシリコーン樹脂もある。

8.5　希少重要元素

8.5.1　資源量と用途

　使用量は多くないが、電子部品、触媒、材料添加物などとして使用される重要な一群の**レアメタル**、**貴金属**、**レアアース**とよばれる元素がある。これらは金属系、無機系資源の一部であるが、ここで別に取り上げる。レアメタルの定義は明確ではないが、通常、貴金属、レアアースを含む数十の希少重要元素をまとめてレアメタルとよんでいる。貴金属は白金族（Pt, Pd, Rh, Ir, Ru, Os）、金、銀を指し、レアアース（**希土類元素**）は周期表で特定されるセリウム、ネオジム、ランタンなど 17 種の元素である。なお、希土類元素の地殻における存在量はそう希ではなく、銅、ニッケルなどと同程度存在している。

　これらの元素は、資源が地域的に偏在しているものが多い。たとえば、希土類、タングステンの産出量は、中国がそれぞれ 95％、85％ を占め、白金の 73％ は南アフリカで産出する。このほかに、上位 3 か国で産出量の 8 割以上を占める元素が多数ある。希少重要元素の例と資源の現状を**表 8.5** に示す。このほかにも、タンタル、ゲルマニウム、ベリリウム、バナジウム、クロムなど、多くの**希少重要元素**が存在する。

表 8.5 希少重要元素の例、用途と需給の現状（世界国勢図会、USGS）

	おもな用途	生産量	埋蔵量	可採年数
貴金属				
金	宝飾、電子材料、めっき	2,660 t	5.2 万 t	20 年
銀	宝飾、電子・感光材料	2.3 万 t	54.0 万 t	23 年
白金	触媒、電子材料	183 t	Pt + Pd	170 年
パラジウム	触媒、宝飾、医療	201 t	6.6 万	
ニッケル	合金、めっき、触媒	196 万 t	7,500 万 t	38 年
コバルト	合金、触媒、電池	10.9 万 t	750 万 t	69 年
タングステン	特殊鋼、電気部品	7.3 万 t	320 万 t	44 年
モリブデン	特殊鋼、触媒	25.9 万 t	1,100 万 t	42 年
希土類	磁石、電子・光材料、触媒	12.4 万 t	1.3 億 t	＞千年
（Ce, Nd, Dy など）				
インジウム	透明電極、電子材料	755 t	不明	
リチウム	二次電池、窯業	3.3 万 t	1,400 万 t	420 年

8.5.2 希少元素の課題と対策

上述のように、希少重要元素は地域的に偏在しているため、国際的な政治経済の影響により需給関係、価格が不安定になることが多い。これは、資源に恵まれていない国々にとっては死活問題になりかねない。日本でも、希少な貴重元素の安定供給のための対策が進められている。これを「**元素戦略**」ということがある。以下に述べる対策により課題の多くは解決できるはずである（8.3.5 項も参照）。

安定供給のための第一の対策は、鉱山、精錬技術を共同開発するなどの国際協調により、資源国と消費国が利益を共有できるような国際関係を構築することであろう。それとともに、以下にあげる技術的対策が需給関係の安定化に大きな効果を発揮する。このほかに、国あるいは企業が一定量の備蓄を持つことも有効であり、実際にそうなっている。そして、将来的には資源の枯渇も懸念されるので、リサイクルを含む生産、利用の体系全体の改善が必要であろう。

(1) 消費量の節減

自動車触媒に不可欠な白金族元素（Pt, Pd, Rh）の消費は、自動車の台数とともに急増している。触媒性能は大幅に改善したが、法規制が強化されている

ため、1台当たりの白金族元素の使用量はそう減っていない。もし、これに加えて燃料電池自動車が普及すると、その電極に用いる白金は膨大な量になり、このままでは絶対量が明らかに不足する。

永久磁石に使う希土類は、産出国が偏っていて供給が不安定だが、節減と代替の技術が価格と供給の安定化に大きな効果を発揮した。

(2) 回収、再利用（リサイクル）

回収、再利用は消費量を低減する（第11章参照）。回収・再利用にはエネルギーもコストもかかるが、希少重要元素は一般に高価なので、リサイクルが相対的に成立しやすい。といってもコストやエネルギー消費が大きな課題である。コスト、エネルギー消費の低減のため、広く薄く拡散した使用済みの重要元素を効率的に回収・分別・精製する技術や社会制度の革新が期待される。その際、製品をリサイクルしやすいように設計・製造しておくことも重要である。

かつては、ほとんどが使い捨てであった自動車触媒の白金族成分は、次第にリサイクルされる割合が増えてきた。電子部品などの希少重要元素も回収が徐々に進んでいる。

(3) 代替元素・材料の開発

希少重要元素を、安価で安定供給が可能な別の元素あるいは複数元素の組み合わせで代替する技術。材料科学・技術に携わるものにとっては、非常に面白く有意義な研究対象である。

第4部
環境の維持・改善のための技術
―化学技術を中心に―

おもな環境問題と対策

　第4部では、環境を維持、改善するための技術を概観する。はじめに、現代の環境問題とその技術的対策を次ページの表にまとめておく（第2部中扉表も参照）。対症療法型の対策技術が多いが、原因を事前に除去する予防型の技術もある。それらの中から、化学技術を中心に代表的な技術的対策について以下に説明する。また、制度、規制などの非技術的な対策についても簡単にふれる。なお、自然災害や武力紛争による環境被害は甚大であるが、本書の対象とはしない。

　まず、持続可能な社会の発展を支える化学技術であるグリーンサステイナブルケミストリー（GSC）について紹介したのちに、化学技術の開発にとって、また日常生活において不可欠な"化学物質"の管理技術、そして、物質文明の必然の帰結である廃棄物の処理と再資源化の技術について述べる。そのあとに、環境問題に対応する化学技術のなかから環境触媒を取りあげる。最後の章では、いま喫緊の課題となっている地球温暖化の対策を考えることにしたい。地球温暖化対策には、非技術的な対策が技術的対策と並んで重要なので次ページの表に項目を追加した。

表 おもな環境問題と対策技術

環境	環境問題	技術的対策
大気	汚染	排ガス浄化、VOC低減、空気浄化、脱臭
気候変動	温暖化、異常気象	緩和策（省・節エネ、利用率向上、エネルギー低炭素化）、適応策（対症療法型）
水	供給、汚染	上水・排水・下水処理、治水、灌漑、地下水管理
土	劣化、汚染、地盤沈下	除染、改良、砂漠化防止、砂防、地下水管理
生態	破壊、変化	森林管理（植林、間伐）、多様性確保、土地管理
生活（居住空間、交通、運送）	汚染、騒音、悪臭	除染、脱臭、移動手段・システム
エネルギー	供給、環境汚染	資源確保、変換効率改善、利用効率向上、省エネ、節エネ、創エネ（再生可能エネルギー）、除染
資源	供給、環境汚染	資源開発、利用効率向上、節約、リサイクル、代替、廃棄物処理、除染
食糧	供給	農地開拓、灌漑、農薬・肥料（効率、管理）、品種改良、貯蔵、配分
非技術的対策		規制、課税、奨励（税優遇、補助金）、社会制度・インフラ整備、ライフスタイル、幸福の再定義

　化学技術にとっては、新規な物質、材料そして化学プロセス・システムの開発が核心であり、これまでに多くの成果が生まれている。そして、今もイノベーションを産むための努力が継続中であるが、その際に、環境への配慮、持続性への貢献をよく考えて方向性を判断していただきたいというのが、本書に込めた著者の願いである。

第9章　グリーンサステイナブルケミストリー (GSC)

 ## 9.1　グリーンサステイナブルケミストリー (GSC) とは

　グリーンサステイナブルケミストリー（GSC：Green Sustainable Chemistry）（**グリーンケミストリー**（GC：Green Chemistry）ともいう）とは、一言でいえば、「環境にやさしいものづくりの化学」であり、持続可能な社会の発展を支える化学と化学技術である。製品、プロセス、サービスを開発する際に、設計作業の早い段階で、これらの全ライフサイクルを考え、その環境負荷が最少になるように設計する。この予防原則がGSCの一番の特徴である。病気対策にたとえれば、診断、治療、予防のうち、「予防」を重視することに相当する。

　始まりはGCのほうが早く、アメリカで1990年代に提唱され世界に広がった。日本では、GC運動に呼応する形で2000年にGSCネットワークが発足し、それ以来、GSCの語が使われることが多い。しかし、「環境にやさしいものづくりの化学」に関しては、公害が多発した日本は、1970年代からイオン交換膜法による食塩電解、紙パルプ工業のプロセス転換、排煙脱硝など多くの優れた成果をあげている。GSCは、GCよりも「技術」と「持続性」を当初から強調している点が特徴だが、それ以外に両者の目指すところに大きな差はない。

 ## 9.2　GSCが必要な理由と三つの目標

　かつて以下の理由と目標をあげた（御園生，2001）。GSCを推進すべき二つの理由がある。第一は、化学産業も、他産業と同様、エネルギー、資源の消費

を抑制するために最大限の努力をすべきことである。これを量的問題とすれば、第二の理由は質的な問題で、目でとらえにくい"化学物質"がしばしば環境や健康に深刻な被害を引き起こすため、その適切な管理が必要なことである。

GSC には三つの目標がある。第1の目標は、化学関連の環境負荷やリスクを大幅に低減することである。シェルドン（Sheldon, 1992）は、廃棄物量に着目した **E ファクター**（製造時の副生成物／目的生成物の重量比）を提案し、その大きさに従って、化学産業を生産規模別に**表 9.1** に示すように分類した。これは原料の石油から最終製品への流れに沿ったものである。これによると、表の下方にある付加価値の高い製品群ほど E ファクターが大きい（目的生成物に対し 100 倍以上に達する副生成物が発生）。最終製品の利便性がいかに高くても、その合成法がいかに精緻でも、その製造過程で大量の有害廃棄物が生成しては困る。

表 9.1　E ファクター（副生成物／目的生成物）

	生産量（トン／年）	副生成物／目的生成物
石油精製	$10^6 \sim 10^8$	約 0.1
基礎化学品	$10^4 \sim 10^6$	$<1 \sim 5$
ファインケミカルズ	$10^2 \sim 10^4$	$5 \sim 50$
医・農薬	$10 \sim 10^3$	$25 \sim >100$

第 2 の目標は、経済性、効率性の向上である。経済性がなくては、インセンティブ（動機付け）が働かず普及しない。環境負荷やリスクが小さく、かつ機能が格段に優れ経済性もある製品を開発普及させる必要がある。環境クズネッツ曲線（第 1 章）で議論した環境と経済の分離（U ターン）に相当する。第 3 の目標として、一般市民（社会、消費者）と化学者コミュニティーの間の、化学に関する共通の理解と信頼関係の醸成がある（化学コミュニケーション）。化学製品の有用性もそのリスク管理のあり方も、最終的には市民の適切な判断に委ねられるからである。

環境負荷を次の恒等式（9.1）に従って三つに分けて考えてみよう（コモナー（Commoner, 1971））。右辺の 2 番目の国民総生産／人口（生活水準に相当）と

3番目にある人口は、ともに発展途上国を中心に今後急速に増大する。したがって、世界全体の環境負荷（左辺）を低減するには、右辺の最初にある「経済活動（国民総生産）当たりの環境負荷」を大幅に低下させるしかない。生活水準を向上させつつ、環境負荷を低減させることが、GSC の大目的である。

$$環境負荷 = \frac{環境負荷}{国民総生産} \times \frac{国民総生産}{人口} \times 人口 \qquad (9.1)$$

表 9.2 に、GC の提唱者アナスタス（Anastas）らが提案した GC の 12 原則を示す。著者の短いコメントもあわせ記してある。これらの原則の間には、「トレードオフの関係」が少なからずあって，全部を同時に満たすことは難しい。他方、一部だけを満たすだけならそう難しくないが、それでは全体としてグリーンになるとは限らない。

表 9.2　GC の 12 原則（要約とコメント）

1. 廃棄物は、生じてから処理するのではなく、生じないようにする（予防原則）
   → 重要。GC/GSC に特徴的
2. 合成は、使った原料をできるだけ製品の中に取り込むよう設計する（原子効率）
   → 反応式のみに着目しているので、優先度が高い原則ではない
3. 合成は、人の健康や環境に対して毒性が少ない物質を使い、また、有害物質が生成しないよう設計する（低毒性）→ 一般性はあるが化学技術の常識
4. 化学製品は、その機能・効用を損なわず、毒性を下げるよう設計する（低毒性）
5. 溶媒、分離剤などの反応補助物質は、できるだけ使わないか、もし使っても無害なものを選ぶ（原子効率、低毒性）→ 溶媒問題は総合的判断が必要
6. エネルギー消費は、環境や経済への影響を最小にする。合成は室温、大気圧で行う（省エネルギー）→ 分離精製に配慮が必要。後段は一般性なし
7. 原料物質は、技術的、経済的に可能な限り、枯渇性ではなく再生可能なものを使う（再生可能資源）→ ただし、再生可能性を重視し過ぎると逆効果あり
8. 保護基の着脱、一時的修飾などは可能な限り避ける（原子効率）
9. 量論反応よりも選択的触媒反応がよい（触媒反応）→ 当然例外あり
10. 化学製品は、使用後、環境中に残留せず無害物質に分解するよう設計する（生分解性）
    → 生分解性が有効なのはむしろ特殊な場合
11. 進んだ計測技術により、プロセスのリアルタイムモニタリングを行い、有害物質の生成を抑制する（計測技術）→ 常識だが意外に重要
12. "化学物質"の排出、爆発、火災などの化学事故の可能性を最小にするように選択する（防災安全）→ 化学技術の常識

9.3 グリーン度評価

局所的、部分的にみてグリーンであっても、プロセス全体あるいは製品の全ライフサイクルで評価すると、レッド（危険性大）であったり、ブラック（廃棄物量大）であったりする。したがって、健全な GSC の発展には総合的なグリーン度評価が不可欠である。**グリーン度**の総合評価は，基本的に LCA（**ライフサイクルアセスメント**、第 3 章コラム）に頼ることになる。

よく知られている評価法に BASF 社の**エコ効率**（Eco-efficiency）がある。この評価法では、同等の性能を有する複数の製品やプロセスについて、5 ないし 6 項目の環境負荷項目（**図 9.1**）に関して評価して優劣を判断する。

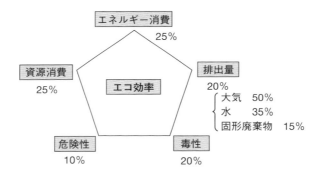

図 9.1 BASF 社のエコ効率における環境負荷項目と重み付け
　この図に示した環境負荷評価と、別途評価したコストの二つを考慮して最終判断をする。最近、第 6 の環境負荷項目として土地利用が追加されている。

9.4 グリーンプロセス

有機合成プロセスについては多くの成功例がある。成功のポイントは、反応効率と分離効率と安全性にある。ここでは、有機合成プロセスを例に GSC を考えてみよう。

9.4.1 原子効率（原子経済、原子利用率）

化学反応式の右辺全体の分子量（左辺全体に等しい）に対する、目的生成物の分子量の割合を原子効率という。反応式だけから論じるいわば"理論値"である。たとえば図9.2に示すエチレンからエチレンオキシドを製造する場合、旧法（クロロヒドリン法）は、塩素から得られる次亜塩素酸と消石灰を使い、図の(2), (3)式の二段階反応で進む。全体は(4)式になる。(4)式の右辺をみると、目的とするエチレンオキシドの分子量が44、右辺全体の分子量が136（＝44＋55.5＋36.5）なので、原子効率は44/136＝32％になる。かりに収率が100％であっても、生成物の約70％は副生成物（塩化カルシウムなどを含む排水）となる。なお、現実の選択率はエチレン基準で約80％である。

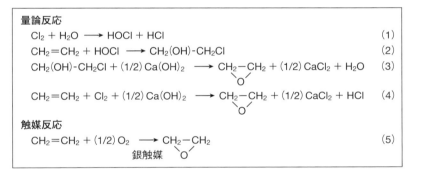

図9.2 エチレンオキシドの製造（量論反応と触媒反応）

他方、銀触媒を用いる気−固系の酸素酸化では（図9.2の(5)式）、選択率100％なら式の上では副生成物はない。つまり、原子効率は100％である。GSCのターゲットにはこのような反応が好ましい。実際の工業プロセスでも選択率は80％強なので、旧法にくらべ実際の原子効率でも約3倍となる。

9.4.2 合成段階のグリーン化

9.2式の合成反応を考える。主原料AがBと反応してC（目的生成物）とD（副生成物の一つ）が生成、EはA, Bから脱離生成する無機塩などのその他の副

生成物である（図 9.2（4）式の $CaCl_2$ など）。

$$A（主原料）+ B \xrightarrow[\text{触媒, 溶媒, エネルギー}]{\text{補助試薬}} C（主目的物）+ D（主原料からの副生物） + E（その他の副生物） \quad (9.2)$$

有機合成では、主目的物 C の収率（C/A、モル比）、選択率（C/(C＋D)、モル比）のみに注意が向かいがちであるが、GSC では、触媒、補助試薬、溶媒を含めた反応系全体の物質収支を考える。原子効率 ＝ C/(C＋D＋E)、E ファクター ＝ (D＋E＋溶媒、補助試薬など)/C。さらに、用いる試薬には、それを作る段階で大きな環境負荷を背負っているものもあるので、そのことも考慮しなければならない。また、E ファクターは物質だけを考えるが、グリーン度の評価ではエネルギー投入量も問題となる。

9.4.3　危険な試薬を使わない合成

毒性、引火性などが高い試薬は原則として使わない。中間体の危険性にも留意する。かりに使うとしても十分管理して、危険有害性を許容範囲内に抑えることが必要である。フォスゲンを使わないポリカーボネートの製造法は GSC の好例で GSC 賞を受賞した。"化学物質"の管理については次章で述べる。

9.4.4　分離・精製と溶媒問題

合成反応は、反応後に必ず目的物、溶媒、触媒などの**分離・精製プロセス**をともなう。蒸留、抽出、晶析、クロマトグラフィー、光学分割などである。このとき資源、エネルギーを大量に消費する。石油化学産業の消費するエネルギーの約半分は分離工程で使われるという。成功したグリーンプロセスには分離工程の改善が鍵となった例が多い。

原子効率の計算には出てこないが、**溶媒**は、合成反応の成否を左右する重要な試剤であるが、合成, 分離段階で繰り返し大量に使用され、E ファクター増大の大きな原因となる。さらに、溶媒が原因で化学災害や健康被害を引き起こ

すこともある。

溶媒の評価におけるポイントは、(a) 生成物の分離・精製効率、(b) 溶媒の分離、回収効率、(c) E ファクターの大きさ、(d) 健康影響、化学災害、(e) 扱いやすい適正な反応条件、である。これらを総合して優劣を判断する。なお、有機物を微量含む排水の処理は一般に困難なので、水溶媒が有機溶媒にくらべ常にグリーンというわけではない。

米国のある製薬企業では、合成経路を改善し、製品 1 kg 当たりの溶媒使用量などを大幅に減らして、米国 GC 大統領賞を受賞した（**図 9.3**）。

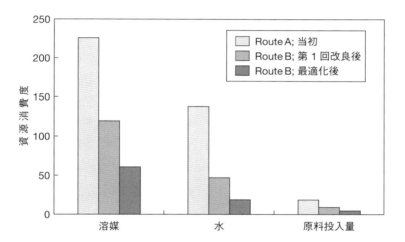

図 9.3　製薬プロセスの GSC。溶媒・水と資源投入量の低減。
資源消費度 ＝ 全資源消費量／目的生成物（重量比）＝ E ファクター ＋ 1

9.5　グリーン原料、グリーン製品、リサイクル

原料採取時の環境負荷は一般に大きい。そして、原料の選択がその後の流れの大筋を決める。その意味で原料の選択は重要である。再生可能な植物資源（バイオマスなど）は、**グリーン原料**の有力な候補であるが、第 8 章に述べたバイオマス利用の課題に注意が必要。

実際に生活環境内を流通するのは製品なので、「**製品のグリーン化**」がGSCにおいて最重要ということもできる。製品のグリーン度は、ライフサイクル全体の環境負荷で評価される。グリーン製品は、身の回りや産業用の製品に多くの例がある。適切なリサイクルは、GSCのターゲットの一つである（第11章）。

9.6　GSCのこれから

20数年前と比較すると、GSCの役割も次第に変わってきた。かつて至上課題であった廃棄物、危険有害物質の管理や処理も、いまや当たり前のことになりつつある。といっても、問題がすべて解決済みになったわけではないし、新たな問題が起こる可能性も当然ある。

また、未解決の課題が少なくない。たとえば、(1) Eファクターが非常に大きいファインケミカルズ合成のグリーン化。使用する試薬のグリーン度も考慮すべきだが、あまり考えられていない、(2) 分離プロセスの効率化（新溶媒、膜分離など）、(3) バイオ原料の上手な使い方の拡大、(4) 多様化する有機資源から基礎化学品を製造する大規模プロセスの開発、(5) 自然エネルギーの利用技術の革新、などがある。当然、これらの課題は継続的に推進すべきだが、それらに加え、以下の新しい方向が重要ではないだろうか。

9.6.1　Less negativeからMore positive GSCへ

次式で定義されるエコ効率により、製品、プロセスなどを評価する考え方がある。

$$\text{エコ効率} = \frac{\text{便益（ベネフィット）}}{\text{環境負荷}} \quad (9.3)$$

これまでのGSCは、便益を維持したままで（9.3式の分子が一定）、環境負荷（式の分母）を小さくし（Less negative）、エコ効率を向上することを目的とした。前述のBASF社のエコ効率は、この考えに立っている。しかし、環境負荷（分母）が同じで便益（分子）が大きいものも、エコ効率は同等に高い。こ

の点を強調する GSC を**ポジティブ** GSC とよぶことにする (Less negative から More positive へ)。この考えを模式的に**図 9.4** に示す。この図の水平面 (コスト軸と環境負荷軸) が BASF 社のエコ効率の評価である。Positive GSC の例を**表 9.3** にあげる。

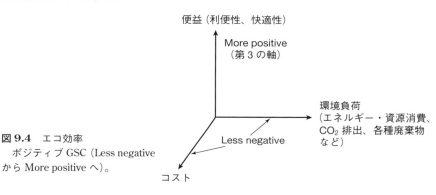

図 9.4 エコ効率
ポジティブ GSC (Less negative から More positive へ)。

表 9.3 Positive GSC と自然共生型 GSC

<u>Positive GSC</u>
 1. 高機能樹脂・繊維；紙おむつ、炭素繊維、ヒートテック、有機光ファイバー
 2. 先進建材；断熱、調湿、透光、遮光・遮熱材料
<u>自然共生型 GSC</u>
 3. 太陽光 (吸収、反射)、風の道、水 (川、池)、土 (保水、透水、地中熱)、
    緑地の最大活用
<u>未来型技術</u>
 4. 電池、パワーエレクトロニクスのグリーン化とそのためのグリーン試薬
 5. 未来型技術；水の分解、CCS (7.2.4 項参照)、CO_2 フリー水素、核融合材料

じつは、便益も環境負荷も多くの要素を含み、その評価は簡単ではない。便益には、経済的付加価値、利便性、快適性などが、環境負荷には、エネルギー・資源消費量、廃棄物量、危険有害物質排出量などが含まれる。

9.6.2 プロセスから製品へ、部品からシステムへ

便益を重視すると、最終製品とくに生活用品の利便性や快適性がクローズアップされる。そうなれば、プロセスから製品へと GSC の対象が拡大する。

ただし、第3章の図3.4にあったように、個々の製品の効率向上だけでは、環境負荷の総量は減るとは限らない。部品だけでなく、システム全体のGSC化（効率化、省エネ化、高機能化など）をはかることが有効であろう。

9.6.3 自然共生型GSC

自然をもっと活用した技術の可能性がある。大都市のヒートアイランド現象は、人工的に発生する熱が、入射する太陽エネルギー量に近づいたため生じた。誇張した表現だが、エアコンの大量導入が、発熱量の増大を招き、そのため、さらに大量のエアコンが必要になる、という「イタチごっこ」である。

似た例に治水がある。明治以来の治水方針であった高く長いコンクリート堤防の建設が、都市化による舗装、排水設備の整備と相俟って、豪雨時の河川流量を急増させ大洪水を招いた。その結果、さらに高く長い堤防が必要になるというイタチごっこを生んだ（高橋, 1971）。そのため、国の治水方針が、最近になって自然調和型（自然堤防、遊水池など）に大転換した。

これらの例を考えると、自然の水、緑、風、土などをもっと活用して自然の循環を復活させた都市・地域への移行が有効であろう。それらを可能にする建築物、道路用材料の開発が化学の役割になる。コンクリート壁やアスファルト舗装の熱的特性、透水性、光反射率の最適化、さらに土、池、川を活かしたまちづくりなどにより、町の住みやすさとエネルギー消費は、ともに相当改善されるのではないだろうか。

自然を活かすアイデアは、過去にもいくつか提案されているが、自然に偏りすぎたためか、定量的評価が不足したためか、あまり成功していない。ここで提案するのは、先進技術と自然の力をともにフルに活用するシステムとそのための先進材料である。表9.3には、これらの技術を、未来型技術とともに加えた。未来型の場合、時間軸の設定により取り組むべき課題が相当変わる。

第 10 章　化学物質のリスク評価と管理

"化学物質"(第 2 章コラム参照)は、生活を豊かにすることに貢献しているが、使い方を誤ると健康や環境に悪影響を生じる。この章では、化学物質の危険有害性を抑えつつ、いかに上手に利用するか、その考え方と対策について述べる。なお、本章では、引用記号（" "）を外し、化学物質と表記する。

10.1　化学物質とリスク

化学物質のリスクには、物理化学的危険性、健康有害性、環境有害性がある。いったん環境に放散され環境を通して人の健康や生態へ及ぼす悪影響は、化学物質の**環境リスク**という。そのほか、化学的なリスクには、悪意による使用、自然災害に誘発される事故、戦争やテロによる化学兵器の使用、医薬や健康食品の摂取がもたらすリスクもある。化学リスクと類縁の**バイオハザード**（生物災害）は、微生物、微生物産生物、組換え DNA などに起因する、人に対する健康被害のことである。

化学物質の環境リスクは、その物質が人身へ与える危害の大きさ（**ハザード**）とその物質を摂取する可能性（**摂取量、暴露量**）の二つで決まり、両者の掛け算で近似される（10.1 式）。これは、第 3 章で定義したリスクの式と本質的に同じである。10.1 式のハザードと摂取量のいずれか一方が大きくても、他方が小さければ、リスクは小さくなる。たとえば、ダイオキシンはハザードが大きいが、環境からの摂取量が小さいため環境リスクは小さい。

$$\text{化学物質のリスク} \fallingdotseq \text{ハザード（毒性）} \times \text{摂取量（暴露量）} \tag{10.1}$$

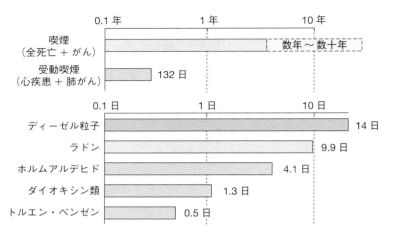

図 10.1 日本における化学物質の環境リスク(損失余命で評価)。横軸は対数目盛。(中西ら,2003 を元に作図)

リスクを、特定の**エンドポイント**を決め(たとえば、人であれば死亡、生態系であれば種の絶滅など)、それが起こる確率で定義することもできる。中西準子氏らは、異種のリスクやベネフィットを比較するための共通のエンドポイントとして"**損失余命(寿命の短縮)**"を用いている。損失余命で評価した化学物質のリスクの例を図 10.1 にあげる。いずれにせよ、リスクは確率的であり、その大きさが許容できる範囲なら安全という。繰り返しになるが、リスクゼロ(絶対安全)はありえない。不断に努力することにより、いかにリスクを許容範囲内にまで軽減するかが肝心である。

10.2　化学物質の危険性・有害性

10.2.1　物理化学的危険性(化学安全)

爆発、高圧ガス、引火、自然発火などの危険性は、反応性の高い物質の急激な化学反応か物理変化により起こる災害であり、通常、**物理化学的危険性**とよんでいる。

爆発性物質の例に、硝酸エステル、無機硝酸塩および有機ニトロ化合物、銀

の窒素化合物、アジ化物、有機過酸化物などがある。過去に硝酸アンモニウム（肥料）の大爆発事故が何回かあった（フランス（ツールーズ），2001 など）。また、有害性に関しては、作業ミスやプロセス管理の不備により大災害が起こったセベソ事故（ダイオキシン、イタリア，1976）とボパールの大事故（イソシアン酸メチル、インド，1984。その結果、親会社であった米国の大企業が倒産した）がある。これらでは、第9章で述べた危険な化学物質をできるだけ使わない・作らないという GSC の考えも大事である。

爆発・火災につながる可燃性気体には、**爆発限界**とよばれる濃度範囲がある。たとえば、空気中のメタンは、5〜15％（容量）の濃度範囲で爆発が起こりうる。ここで、5％を爆発下限、15％を爆発上限という。気体の組成がこの範囲に入らぬよう注意が必要。可燃性液体の燃えやすさは、引火点で表される。引火点は液体から発生する蒸気に火がつく最低の温度で、たとえば、ガソリンは $-30 \sim -50$ ℃、メタノール 11 ℃、灯油 50〜60 ℃ である。

10.2.2 人への健康有害性

健康に対する**毒性**は、**一般毒性**と**特殊毒性**に分けられる。一般毒性には、発症するまでの期間により、急性毒性（1日〜1週間）、亜急性毒性（月レベル）、慢性毒性（年レベル）、刺激性などが、特殊毒性には、発がん性、変異原性、生殖毒性、催奇形性（第2世代に奇形を引き起こす毒性）などがある。

化学物質は、(1) 経口、(2) 吸入（経肺）、(3) 経皮の三つの経路で体内へ摂取され、吸収 → 分布 → 代謝 → 排泄（ADME；Absorption, Distribution, Metabolism, Excretion）の経路をたどる。経口の毒性物質で、LD_{50}（半数致死量；投与されたものの半数が死に至る量）が体重1kg当たり50mg以下のものが**毒物**、同じく50〜300mgは**劇物**とされる。

化学物質の有害性（毒性）は、**表10.1**にあげる各種の指標で表される。**発がん性**の指標にはいくつかあるが、WHO（世界保健機関）傘下の国際がん研究機関（IARC）は、発がん性の有無の確かな順に5つのグループに分けている。ただし、この分類は、疫学調査により発がん性の有無だけを判定したもので、

発がん性の程度を示すものではない。この点の誤解がよくあるので要注意。この分類では、太陽光やアルコール飲料も発がん性ありに分類される。

表 10.1　化学物質の有害性（毒性）を表す指標

NOAEL；No Observed Adverse Effect Level　無毒性量（ノアエル）
LOAEL；Lowest Observed Adverse Effect Level　最小毒性量、最小悪影響量
NOEL：No Observed Effect Level　無影響量（ノエル）
NOEC；No Observed Effect Concentration　無影響濃度
TDI；Tolerable Daily Intake　一日耐容摂取量
ADI；Acceptable Daily Intake　一日許容摂取量
LD_{50}；Lethal Dose　半数致死量
LC_{50}：Lethal Concentration　半数致死濃度
PEC：Predicted Environmental Concentration　予測環境濃度
PNEC；Predicted No Effect Concentration　予測無影響濃度
HQ；Hazard Quotient　ハザード比
MOE；Margin of Exposure　暴露マージン（＝ NOAEL／暴露量）
損失余命；Loss of Life Expectancy, Loss of Expected Life-Year

10.2.3　環境有害性

　生態系への影響は、環境に放出された化学物質の量とその動態に依存する。動態とは、環境中での化学物質の移動や生物、大気、水、土壌、光などによる化学変化である。化学物質の残留性はその物質の分解速度の遅さであり、蓄積性は生物内に蓄積していく程度である。生物濃縮には、海水中の濃度が、プランクトン、魚類、鳥類の生物連鎖を通して1万～百万倍に濃縮される例がある。

10.3　化学物質のリスク評価

10.3.1　人の健康に対するリスクの評価

　化学物質の**健康リスク**（10.1式）の評価は、**図 10.2**の手順で行われる。まず、評価対象とするエンドポイント（回避したい出来事）を決める。損失余命はエンドポイントの例である。

　ついで、下記の用量−反応関係を用いて、有害性（ハザード）を推定する。

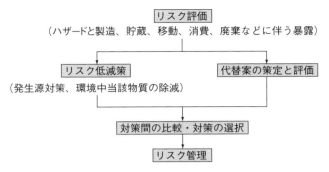

図 10.2 化学物質のリスク評価・管理の手順（御園生，2007）

また、環境中濃度、暴露経路、生活習慣などを考慮して暴露量を推定する。この二つから 10.1 式によりリスクを推定する。この評価結果と評価の不確実性を考慮して、環境基準、排出基準、水質基準、食品中残留基準などが決められる。

10.3.2 用量 (Dose) – 反応 (Response) 曲線と暴露解析

図 10.3 は、特定の物質の生物への反応・影響を用量（暴露量、摂取量）の関数として描いた概念的な曲線である。用量は摂取量、暴露量とほぼ同義であるが、本書では、図 10.3 とこのパラグラフに限って、通例に従って「用量」を用いる。この曲線は動物実験や疫学調査により求められる。図にあるように、用量を増やしていくと、あるところで悪影響が明らかに現れる。反応・影響が現れ始める用量を**しきい値**とよび、それ以下の用量が無毒性量である。この曲線でしきい値が存在しない場合があり、しきい値がない場合は、ある場合とは基準値の算定法が若干異なる（次項）。通常、生来の解毒作用によりしきい値が存在するが、遺伝子損傷による発がんの場合はしきい値がないとされる。

無毒性量（NOAEL : No Observed Adverse Effect Level）が分かると、それを一定の**不確実性係数**（安全率に相当。Uncertainty Factor）で割って、**一日耐容（許容）摂取量（用量）**（TDI : Tolerable Daily Intake (ADI : Acceptable Daily Intake)）が決められる（10.2 式）。判断の仕方には、いくつ

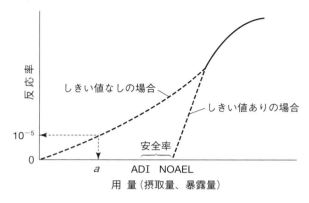

図 10.3 用量（Dose）−反応（Response）曲線（中西ら，2003 を元に作図）
a は反応率（生起確率）が 10^{-5} になる横軸の値。

かの方法があり、たとえば、10.3 式で定義される**ハザード比**（HQ：Hazard Quotient）の場合、この値が 1 以下ならリスクは許容範囲内、1 を超えると許容範囲外と判定される。

一日許容摂取量（ADI）＝ 無毒性量（NOAEL）/不確実性係数積（UFs）
$$(10.2)$$

ハザード比（HQ）＝（一日摂取量）/（一日許容摂取量） $\quad(10.3)$

不確実性係数は、有害性データから基準値を決める際、不確実さを考慮し、基準値が安全側になるように導入される。たとえば、動物実験で得られた無毒性量を使用する場合、動物と人間の種差による不確実さを 10、人間の個体差による不確実さを 10 として、それらを掛け合わせて不確実性係数積を 100 とすることが多い。その場合、TDI あるいは ADI は、動物の無毒性量（体重当たり）の 100 分の 1 になる。

暴露量（摂取量）を、各種媒体、各地点における化学物質濃度を測定あるいは推定し、この濃度と推定された暴露経路、行動特性などから算出する。この方法を暴露解析という。

10.3.3 健康リスク評価の実施例－ベンゼンの発がんリスク

しきい値（無毒性量）がない発がんの場合、わずかの暴露でもそれなりの影響がある。この場合、発がんの可能性は、10.1 式に類似の次式で計算される。

$$\text{発がんリスク（生涯発がん確率）} = \text{発がんポテンシー} \times \text{暴露量} \quad (10.4)$$

発がんリスク（**生涯発がん確率**）は、ある化学物質に生涯暴露したとき、生涯の間で発がんする確率である。この確率が 10^{-5} 以下を許容量とすることが多いが、この値は、10万人に1人が生涯のうちにその化学物質が原因でがんになることを意味する。なお、**発がんポテンシー**は、単位暴露量当たりの発がんリスクである。

EPA（米国環境保護局）によると、ベンゼンの経口発がんリスクは、3.5×10^{-2} である（体重 1 kg 当たり毎日 1 mg のベンゼンを生涯摂取すると、生涯で $3.5 \times 10^{-2}/(\text{mg/kg/日})$ の発がんリスクの増加がある）。体重 70 kg の人が、水道水質指針 $10\,\mu\text{g}\,\text{L}^{-1}$ の水を毎日 2 L 一生飲みつづけた場合、生涯の発がんリスクは 10.5 式で計算され、リスク増加は 10^{-5} となる。左辺の中カッコ内は体重 1 kg 当たりの毎日の摂取量。この値から水道水の基準値が決められる（中西ら，2003）。

$$\{10\,(\mu\text{g/L}) \times 2\,(\text{L/日}) \times 10^{-3}\,(\text{mg/}\mu\text{g}) \div 70\,(\text{kg})\} \\ \times 3.5 \times 10^{-2}\,(\text{mg/kg/日}) = 10^{-5} \quad (10.5)$$

10.4　化学物質のリスク管理

リスク評価の結果に基づいて、化学物質のリスクを管理することを**リスク管理**という。科学的に不確かさがあるリスク評価をもとに、合理的な意思決定をするには、当然、注意が必要である。さらに、感受性や価値観が社会や個人によって異なる中で、いかに社会の合意を得るかという問題もある。そのためには、関係者間の意思疎通（**リスクコミュニケーション**）をはかることが非常に

大事である。

　リスク管理にはいくつかの一般的な原則がある。かつて、発がん性が少しでもあるものは使用禁止にするという**ゼロリスク原則**〈**絶対安全の原則**〉の考えがあったが、その後、ゼロリスクの実現は不可能であることが理解され、「一定のリスクは受け入れ、リスクがそれ以上になるときに初めて規制を導入する」といういわゆる「**等リスクの原則**」が一般に受け入れられるようになった。

　もう一つの重要な原則は「**リスク便益の原則**」で、リスク削減の費用とリスク削減による便益（ベネフィット）の増加を、たとえば金額で評価し、両者を比較して対策を選ぶ。そのための解析を**リスク便益分析**という。フグ毒のリスクとフグのおいしさを比べるようなもので、リスクを十分小さくして、賞味する道を選ぶことになる。ただし、以上の原則は、費用と便益を多くの関係者の間でどのように分配すべきかについては考えていない。これを考慮することを「**衡平〈公平〉の原則**」という。

　管理手法には、技術的な手法と社会経済的な手法がある。社会経済的な対策とは、環境基準、法規制、税制、環境対策への助成などである。近年、社会経済的対策の重要性が増している。

 ## 10.5　法規制と自主管理

　非技術的対策には、上記の法規制、補助金などの優遇・抑制策による誘導など行政が主導するもの、および企業などが自主的に行う管理がある。化学物質に関連する日本の法律を**図 10.4** にまとめて示す。多くの法律があり、主管官庁が異なることが日本の化学物質管理の問題点の一つである。一部は複数官庁の共同所管になっている。これらのうち、おもな法規について簡単に説明しておく。なお、原則として、**環境基準**とは環境基本法に定められた目標値であり、**排出基準**とは守るべき規制である。

(1) 化学物質の審査及び製造等の規制に関する法律（略称：**化審法**）

　事前審査による管理としては世界最初の法律。生産が一定量を超える新規物

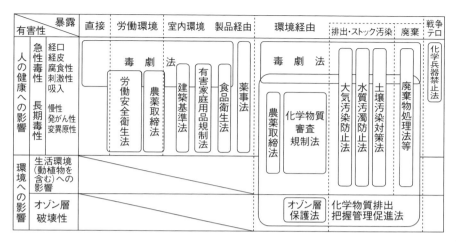

図10.4 化学物質関連法（総合科学技術会議資料，2006を改変）

質は事前の審査を必要とする。有害性の程度により、第1種特定化学物質（難分解性、高蓄積性、長期毒性あり。PCBなど）、第2種特定化学物質（難分解性、低蓄積性、長期毒性あり。トリクロロエチレンなど）、第1種～第3種監視化学物質がある。

(2) 特定化学物質の環境への排出量の把握及び管理の改善の促進に関する法律（化学物質管理促進法、**化管法**；PRTR と MSDS）

　事業者による自主的管理の改善を促し、環境問題の未然防止をはかる法律。環境への排出量の把握・管理を行う PRTR（Pollutant Release and Transfer Register）制度と、化学物質の性状および取扱いに関するデータシート（MSDS；Materials Safety Data Sheet）を流通先に提供する仕組みがある。

(3) **環境基本法**：環境の保全のための基本的な理念と総合的施策を定める法律で、環境負荷、公害などを定義している。さらに、大気汚染、水質汚濁、土壌汚染、騒音を対象に環境基準値が設定されている。排出基準は次項の大気汚染防止法、水質汚濁防止法、土壌汚染防止法などで個別に決められる。

(4) **大気汚染防止法**：工場などからの大気汚染物質の排出基準を定める。対象は、NO_x，SO_x，ばいじん、有害大気汚染物質（ベンゼン，トリクロロエチレ

ンなど)、揮発性有機化合物などである。

(5) **消防法**：火災の予防、被害の軽減が目的。危険物、指定可燃物、毒劇物などの製造、貯蔵、運搬について規制。

(6) 毒物及び劇物取締法(**毒劇法**)：保健衛生上の見地から毒物、劇物の製造、輸入、販売などを規制。医薬品以外が対象。

(7) **労働安全衛生法**(安衛法または労安法)：労働者の安全と衛生環境を確保し、快適な職場環境の形成を促進することが目的。労働基準法と車の両輪。

おもな国際的な条約には以下がある。

(1) **RoHS指令**(Restriction of Hazardous Substances)；Pb, Hg, Cd, 六価Cr, PBB(ポリ臭化ビフェニル), PBDE(ポリ臭化ジフェニルエーテル)の6種の元素の電気・電子製品への使用を大幅に制限するEUの指令。

(2) **POPs条約**；残留性有機汚染物質(POPs；Persistent Organic Pollutants)に関する条約(ストックホルム条約)。

(3) **バーゼル条約**；特定有害廃棄物などの国境を越えた移動を管理する条約。

(4) **モントリオール議定書**；オゾン層破壊物質の生産禁止・削減などの規制措置を定める。

(5) **GHS**(Globally Harmonized System of Classification and Labelling of Chemicals, 化学品の分類および表示に関する世界調和システム)。化学物質の危険・有害性を分類して容器などに簡単なマークで表示。

(6) **REACH規制**(Registration, Evaluation, Authorisation, and Restriction of Chemicals)。EUで化学物質を扱う事業者に安全性を立証し、情報を登録することを義務づける。化学物質を含む製品も対象となる。EUで一括管理。

10.6 化学物質管理の今後のあり方

10.6.1 リスク評価

(1) **初期評価と詳細評価**　リスク評価がすんでいない化学物質が多いので、効率的にリスク評価数を増やすことが課題である。そこで、簡便な有害性の一次

的スクリーニング（初期リスク評価）をしたのち、有害危険性が高い物質について さらに詳細な評価をする2段階の方法がとられる。初期評価に、構造活性相関といって、分子の構造的特徴や物理化学的定数と有害性の間にある相関関係を使う手法も利用される。

(2) エンドポイントの選択　エンドポイントとして死亡をとった場合、平均余命の低下（損失余命）がリスクの尺度となるが、**生活の質**（QOL；Quality of Life）が悪化してから長生きしても嬉しくないので、生活の質を考慮したエンドポイントの開発が望まれる。

(3) 不確実性係数など　不確実性係数の値が大きいと、いたずらに基準が厳しくなり不必要に過度な対策をしてしまう可能性があるので、評価の精度をあげて係数の値を小さくする努力が必要である。そのほか、複数の化学物質による複合暴露のリスク評価も残された課題である。

　国内外の社会経済が不安定さを増すなか、不確実性係数に取り込めないような想定外の大きなリスクの取り扱いも今後の課題であろう。

10.6.2　リスク管理の課題

(1) ハザード管理からリスク管理へ　かつての管理は、化学物質のハザードのみに基づいてなされることが多かった。現在は、暴露量を考慮した「リスクに基づいた管理」に重点が移行しつつある。かつて、米国でサッカリンの発がん性が問題になった際、リスク評価の結果、サッカリン（発がんによる死亡）のほうが砂糖（肥満による死亡）にくらべ、平均余命の減少が小さいことが分かり、使用禁止にならなかった。

(2) 法規制から自主管理重視へ　PRTR、レスポンシブルケア運動（企業が共同で自主的に行っている環境負荷の低減運動）など、自主管理の有効性が実証されつつある。食品の安全管理においても、食品の多様さ、食品供給チェーンの長さのため、一律の規格や基準を設定することが困難であり、自主管理、第三者認定の重要性が認識されて広がりつつある。

第11章　廃棄物処理とリサイクルの化学技術

　廃棄物処理の目的には、(1) 廃棄物処理による環境汚染の防止と、(2) 廃棄物の再資源化による資源採取・消費量の低減の二つがある。このことを踏まえ、適切な廃棄物処理と再資源化のあり方を考える。ここでも処理過程におけるエネルギー消費、経済性の評価が欠かせない。

11.1　資源消費と廃棄・再資源化

　人間活動にともない必然的に発生する廃棄物の量は、かつては、自然の循環に吸収される程度であったが、いまや、それが急増して、自然環境、生活環境へ大きな影響を及ぼすようになった。廃棄物は、資源採取から最終消費に至るあらゆる過程で、大量に発生している。なお、廃棄物には、資源消費、廃棄物処理など量的な問題と、危険有害性など質的な問題がある。

　再資源化に関わる産業を「**静脈産業**」といい、そこにおける資源の流れを静脈物流というが、これは、新資源から製品に至る「**動脈産業**」に対比したものである。

　(動脈)　　資源採取 → 生産 → (製品) → 消費 → 廃棄 → 回収
　(静脈)　　　回収 → 資源化 → (製品) → 消費 → 廃棄 → 回収

　細田衛士氏によると (細田, 2015)、静脈産業が育つには、再資源化技術の進歩、制度の整備、動脈産業との連携が必要である。よい連携のもとに静脈産業が育てば、理想的な循環型社会に至るのだが、2.1.2項で述べたように、この循環はあくまで強制循環である。強制循環は新たな資源、エネルギーの投入、コストの負担を必要とし、さらに、循環中に資源の質が劣化するという問題も

ある。したがって、完全に閉じた循環ループにはなりえないので、目指すべきはコストパフォーマンスが高く効率のよい循環である（各種の負荷を"コスト"で代表させコストパフォーマンスと表現）。

日本の物質フローの概要はすでに第8章で述べた。世界の廃棄物総量は、2010年で約105億トンと推定され、2050年には220億トンになると予測されている（環境白書平成28年版）。

人間活動にともない大気中へ排出される物質は、化石燃料の燃焼により発生する二酸化炭素と水蒸気が量的に多い。世界のCO_2排出量は、統計により若干異なるが約324億トンである（2013）。大気へ排出される硫黄・窒素酸化物、土壌や河川に流れ出す有機物、重金属などについてはすでに述べた。

 ## 11.2　廃棄物の流れと処理技術

11.2.1　廃棄物の内訳

日本では廃棄物処理法により、廃棄物は**産業廃棄物**と**一般廃棄物**に分類される。産業廃棄物は産業活動により排出されるもので、それ以外を一般廃棄物という。一般廃棄物にはごみとし尿がある。有害危険性のあるものは特別管理廃棄物として別に処分する。それらの内訳を**図11.1**に示す。産業廃棄物は排出事業主が、一般廃棄物（ごみとし尿）は市区町村が処理することになっている。一般廃棄物を生活系廃棄物と事業系廃棄物に分け、後者を事業者の責任で処分

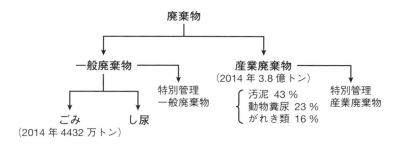

図11.1　廃棄物の分類（日本）

する場合もある。

2014年度で、日本全体の産業廃棄物が約3.8億トン、ごみが約4,400万トンと報告されている（環境白書）。そのほか、し尿が約2,200万トンあり、統計外の廃棄物が約1億トン（推定）あるとされる。したがって、廃棄物総量は1年間で約5.5億トンになる。

11.2.2 廃棄物処理の流れ

日本における**ごみ処理**の流れを**図11.2**に示す。ごみは、分別・収集後、再資源化を図ったのち、焼却などの中間処理により減量してから最終処分される。ごみの最終処分量は排出総量の約1割、430万トンである。産業廃棄物も再資源化、減量化してから最終処分されるが（処分量が約1,000万トン）、産業廃棄物の約70％（約2.8億トン）は何らかの形で再利用されている。最終処分量は、近年、再資源化と減量化の進展により大幅に減少した（平成12年：約5,600万トン→平成25年：約1600万トン）。これには、建設業の寄与が大きい。不法投棄も3万トンレベルに減少している。

全国の市町村における**分別**は、3〜10種類程度に分別するものが多いが、分別にはコストやエネルギーがかかるので、無駄な分別にならないよう再資源化の状況に見合った適切な分別をするべきである。かつて、不燃ごみだったプラ

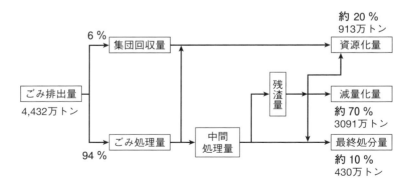

図11.2 ごみ処理の流れ（2014）
合計量はデータの誤差により合わない場合がある。

スチックが、焼却技術の向上により可燃ごみになって、分別はやや楽になった。プラスチックの混入は発熱量が増えるのでむしろごみ発電に適している。

廃棄物の埋め立て用地を**最終処分場**というが、安定型、管理型、遮断型処分場の3種がある。有害物質を含む廃棄物は、コンクリート遮断構造を持つ遮断型が利用される。処分場の用地問題は近年やや緩和され、残余年数は約20年分ある。しかし、狭い国土を処分場として利用しつづけることには注意する必要があろう。爆発性、毒性、感染性など悪影響の恐れが大きい廃棄物は、特別管理廃棄物（PCB、煤じん、感染性物質、有害危険物を含む汚泥など）として別途処分される。

環境省の2014年の報告によると、約4,500万トンのごみ処理にかかる年間の経費は約2兆円に達し、これは、一人当たり約1万5千円、ごみ1kg当たり約45円に相当する。

11.3 再資源化技術

11.3.1 再資源化の現状

再資源化の状況は資源の種類により異なる。廃棄物全体の再利用率が約50％であるのに対し、金属系の再利用率は非常に高い。一方、化石系資源は、主に燃料として用いられるため再利用率は低い。バイオ系資源は、含水量が増える、生物の成長がある、ことにより、出口のほうが入口より多い。

資源の有効利用、再資源化の程度を表す指標として、再資源化率、再利用率、回収率、再商品化率、リサイクル率などがあるが、それぞれ定義が異なり、また混乱して使用されている。そのほか、最終処分量、資源生産性（付加価値／資源投入量）も指標に使われる。**リサイクル率**は、環境省の定義によると11.1式である。式中の集団回収量とは、市町村において市民の協力でまとまって収集される廃棄物量。**表11.1**にリサイクル率の例をあげる。

$$\text{リサイクル率 (\%)} = \frac{\text{直接資源化量} + \text{中間処理後再生利用量} + \text{集団回収量}}{\text{ごみ処理量} + \text{集団回収量}} \times 100 \quad (11.1)$$

表 11.1　リサイクル率の例（業界資料から）

鉄鋼	リサイクル率　40 % 超（スチール缶リサイクル率　92.9 %）(2015)
アルミニウム	再利用率　約 45 %（アルミ缶リサイクル率　90.1 %）(2015)
古紙	回収率　80.8 %（2014）（紙パック回収率　35.7 %）(2014)
プラスチック	有効利用率　83 %（おもに燃料。再生利用は 22 %）(2014)
	（PET ボトルの回収率は 93.5 % で、おもに燃料利用）
ガラス	（ガラス瓶回収率は 74.4 %）(2014)

　古くから再資源化が進んでいた材料に、紙、ガラスびん、アルミ缶、鉄くずがある。1990 年代ですでに 50 % 程度あったリサイクル率の多くが、最近では 70 % を超えている。他方、容器包装リサイクル法によって回収が始まったペットボトルの回収率は、1997 年の 10 % 以下から 2014 年は約 90 % 以上に増加した。

　その後、家電（エアコン、テレビ、冷蔵庫、洗濯機の 4 品目）、自動車（エアバッグ、シュレッダーダスト、フロンの 3 品目）、建設、食品などに関しても個別リサイクル法が施行された。これらは、使用済み製品の処理、再資源化を義務づける制度である（生産者責任）。処理費用の徴収法はものによって異なるが、最終的には消費者が負担する。比較的新しい小型家電リサイクル法は、前記家電 4 品目以外の大部分を含み、自主的取り組みを重視するという特徴がある。

　これらの結果、家電再商品化率（引き取り家電の処理重量のうち、何らかの形で再商品化された重量の割合）は、最小の冷蔵庫で 80 %、最大のエアコンで 92 % である。ただし、家電の回収量は、生産量の半分をやや下回っている。自動車の場合、生産台数とほぼ同量が回収され、そのうち約 3 割が輸出され、残りの半分以上が、何らかの形で再利用されている。

11.3.2　再資源化技術（3R）

　3R とは、Reduce（発生抑制）、Reuse（再使用）、Recycle（再生利用、リサイクル）のことで、その技術については後述する。3R の優先順位は、Reduce ＞ Reuse ＞ Recycle で、リサイクルは、新たな資源やエネルギーの投入が多くなりがちなので優先順位は低い。3R のうち発生抑制は、再資源化ではなく

消費を抑制して廃棄物量を低減することであり、過剰消費を避ける、長持ちさせる、修繕して使う、節約をするなどにより、また、機能の向上により実現される。この目的には、修繕や部品交換による機能の更新ができる製品が好ましく、そのような製品の開発が重要である。

再使用は繰り返し使用することで、中古品利用やリターナブル容器（ビールびんなどの回収再使用）などがある。リサイクルにくらべると、エネルギー投入が少なく環境負荷が小さいが、繰り返し使用による品質劣化、有害物質による汚染、機能の陳腐化などが問題点である。使い捨て紙コップと再利用カップの環境負荷をLCAで比較した結果によると、再利用カップのエネルギー消費量は、6～7回の再使用により、使い捨て紙コップより小さくなる。つまり、再使用にもエネルギーが必要なため、それくらい繰り返し使用しないとメリットが出ない。

リサイクルのうち、製品を原材料に戻してから再利用する**マテリアルリサイクル**も、繰り返し使用による不純物の混入など材料品質の劣化が問題となる。そのため、高品質を要求しない用途（たとえば、柵やフラワーポット）に格下げしながら利用する方法があり、これを**カスケード型リサイクル**とよんでいる。

熱回収（**サーマルリサイクル**）は、可燃性の廃棄物を焼却する際に発生する燃焼熱を利用することで、リサイクルに含められている。現在、ごみ焼却時に回収した熱は、焼却場および近接した地域の暖房・給湯と発電に利用する例が多い。ごみ発電の場合、ごみの重量当たりの発熱量が小さく、発電効率は、化石燃料を使う通常の火力発電の半分程度である。現在、ごみ発電の総量は約8,000万 kWhで、日本の総発電量の約0.1 %になる（2014）。発熱量を増加させるため、生ごみを乾燥、粉砕固形化してRDF燃料（Refuse Derived Fuel）とする方法もあり、パルプ産業などで利用されている。生ごみは、堆肥（コンポスト）にして肥料とすることもあるが、需要不足と経済性の理由から普及には至っていない。

11.3.3 プラスチックの再資源化

20世紀の化学技術の代表的な成果である**プラスチック**を例に、生産、廃棄、再資源化の様子を具体的に見てみよう。プラスチックの国内生産量はやや減少気味で、2014年の生産量は約1,100万トン、国内消費は980万トンである（内訳は註参照）。

註）日本で製造されるプラスチックは、ポリエチレン25％、ポリプロピレン22％、ポリ塩化ビニル14％、スチレン系11％、その他の熱可塑性樹脂17％、熱硬化性樹脂9％。用途は、容器包装が多く、そのほか、建材、電気・機械、家庭用品、輸送、農林・水産など。

図11.3にプラスチックのリサイクル法をまとめて示す。油化したものは、さらに熱分解して化学原料とする場合（**ケミカルリサイクル**）と、そのまま燃料とする場合（サーマルリサイクル）がある。廃プラスチックの熱回収では、鉄鋼業における高炉への投入、セメント工業におけるセメントキルンへの投入

分類（日本）	リサイクルの手法		ヨーロッパでの呼び方
マテリアルリサイクル（材料リサイクル）	再生利用・原料化・製品化		Mechanical Recycle
ケミカルリサイクル（原料リサイクル）	原料・モノマー化		Feedstock Recycle
	高炉還元剤		
	コークス炉化学原料化		
	ガス化	化学原料化	
サーマルリサイクル（エネルギー回収）	油化	燃料	Energy Recovery
	セメントキルン ごみ発電 RDF *1　RPF *2		

＊1：Refuse Derived Fuel（生ごみや可燃ごみや廃プラスチックなどから作られる固形燃料）

＊2：Refuse Paper & Plastic Fuel（古紙と廃プラスチック類を原料とした高カロリーの固形燃料）

図11.3 プラスチックのリサイクル（(社)プラスチック処理促進協会の資料を元に作図）JISでは、ケミカルリサイクルをマテリアルリサイクルとする。

が成功しており、相当量の実績がある。

11.3.4 再資源化技術の評価と課題

すでに述べたようにリサイクルには、エネルギー、資源を投入することが必要であり、その過程で環境汚染物質も発生する。通常は、ライフサイクルアセスメント（LCA）により有効性が評価されるが、以上のほかに、人手やコストも考える必要がある。

廃棄プラスチックの多くは、燃やされている。PETボトルのマテリアル、ケミカル（油化した後、化学原料とする）、サーマルリサイクル（熱回収）を、エネルギー消費の観点から比較したLCAによると、熱回収が優位であり、ケミカルリサイクルは劣っている。ただし、これは熱回収した熱はすべて有効に利用できることを前提とした比較である。

金属材料は、すでに述べたように、金属精錬の段階で大量のエネルギーを消費している。この段階を省略できるので、金属系廃棄物はリサイクルに適している。しかし、金属製品のリサイクルは、不純物がリサイクルを繰り返すうちに次第に蓄積することがあるので注意が必要である。

アルミ缶の場合、アルミニウムの精錬に必要なエネルギーと缶を製造するエネルギーの比は97：3との報告がある。だからといって、リサイクルによって97％のエネルギーが節約できるわけではない。アルミ缶のフタは合金の場合が多く、缶の内側にはプラスチックのコーティングが、外側にはラベルが印刷されている。当然、中間処理で分離する必要がある。そのほか、輸送も必要である。これらを考慮したリサイクルによる消費エネルギーの節約は、97％ではなく50％程度になると試算されている。それでも節約量が大きいので、アルミニウムのリサイクルはエネルギー的にも経済的にも成り立っている。

プラスチックリサイクルのコスト評価は、(1) 一般廃棄物として処理した場合のコスト約45円/kg、(2) リサイクル業者が廃棄物を引き受ける際に受け取る逆有償価格、(3) 石油から新たに製造した場合の価格100～200円程度、(4) そのまま焼却して熱回収する場合のメリットなどを比較することになる。じつ

は、エネルギー的にも経済的にもメリットがある廃プラスチックのリサイクルは稀である。リサイクル費用の社会負担については次節でふれる。

古紙リサイクルは、再生紙のほうがやや高価になるが、すでに普及しているので成功例といえよう。ガラスびんもおそらく合格である。鉄、アルミ、貴金属などの金属資源は、国による特別の制度や補助金がなくても再資源化率が高く、リサイクルの成功例である。

11.4 社会経済的対策

リサイクルの多くは資源、エネルギーの追加投入が必要なので、経済的に自立することは難しい。したがって、大なり小なり、リサイクル費用に税金を投入するか、消費者から徴収しなければ成り立たない。コストとベネフィットの評価をしたうえで、適切なシステム、制度を設計することが必要である。また、その制度は、将来に向けて技術進歩、制度の効率化を促すようなものが望ましい（細田，2015）。

3R推進のための社会経済的な対策には、a) 枠組み規制的手法：政策の基本的な枠組みと目標の設定。例は、EUの廃棄物枠組み指令、日本の循環型社会形成推進基本法。b) 直接規制的手法：ごみの引取り、再生利用の義務付けや有害物質を含む製品の直接的規制。c) 経済的手法：デポジット制などにより排出者にインセンティブを与える。エコラベル、リサイクルラベルの導入など。d) 自主的取組手法・情報的手法：業界、行政による自主的な協定による取り組み。グリーン購入（環境負荷ができるだけ小さくなるモノやサービスを買うあるいは買い方をすること）が含まれる。

そのほかに、補助金、税制、融資などの環境配慮のための支援制度。環境教育プログラムや3Rのための科学技術振興がある。

COLUMN

貴金属のリサイクル技術

貴金属とは、金、銀と白金族の6元素(Ru, Rh, Pd, Os, Ir, Pt)のことである。昔は、宝飾品、歯科医療がおもな用途であったが、その後、自動車触媒、化学プロセス触媒、電子部品が加わり、最近では後者のほうが主要な用途になっている。貴金属は環境中で金属状態で安定に存在し、かつ高価なためリサイクル費用の占める割合が小さく、リサイクルに向いている。

自動車触媒では自動車1台当たり Pt, Pd, Rh あわせて1g程度が存在し、これは自動車全体からみればごくわずかであるが、原鉱石の場合も含有量が非常に少ないので、鉱石の精錬技術が基本的に適用できる（下図）。これらの回収量はまだ生産量の約20％しかないが、これは、台数が急増して使用中のものが多いためであり、今後、次第に回収率が良くなるものと思われる。

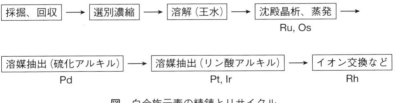

図　白金族元素の精錬とリサイクル

第 12 章　環 境 触 媒

　環境の保全・改善に貢献する触媒群を総称して環境触媒（註）という。環境問題の解決に際し、さまざまな場面で重要な役割を果たす環境化学技術の一つである。

註）「環境触媒フォーラム」を著者らが立ち上げたのが 1990 年である。その 1, 2 年前に、環境浄化触媒などの環境関連触媒をひとまとめにして「環境触媒」とよぶことを著者から提案し、大方の合意を得た。そして、英語名を Environmental Catalysis とした。ところが、その直後に、海外の学術誌に Environmental Catalysis と題した解説記事が掲載されたのを見て驚いたことがある。

12.1　環境触媒の特徴

　環境触媒には、直接的なものと間接的なものがある。前者は、汚染物質が環境に出る直前あるいは直後に直接処理して無害化するもので、後者は、汚染物質を出さない触媒合成法や脱硫触媒によるクリーン燃料の製造など間接的なものである。第 9 章に述べた GSC 触媒は後者の例である。

　直接的な環境触媒は、汚染物質を排出する製造プロセスや燃焼器の都合で反応条件が決まっていることが多く、**図 12.1** に示すように、反応条件の幅が広く、要求される触媒性能の難度が高い。反応条件を触媒にあわせて決めることのできる化学合成用の触媒とは対照的である。たとえば、反応温度は、触媒燃焼の 1500 ℃ 程度から冷蔵庫用の室温以下まで、また、**自動車排ガス浄化触媒（自動車触媒ともいう）** や **石油脱硫触媒** のように、除去すべき物質がごく微量な成分であることが多い。そのうえ、自動車触媒では、対象の組成が時間的に激しく変動する。

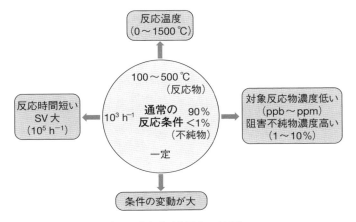

図 12.1 環境触媒の過酷な反応条件（御園生，2007）
SV（空間速度）は原料の流量。中央の円が通常の合成反応で、外側が環境触媒。

なお、日本における触媒の出荷額は約 2,000 億円（2015）で、その約 3 分の 2 が環境触媒（その 9 割強が自動車触媒）である。

12.2　排煙脱硫と排煙脱硝触媒

発電所などで大量に消費する石油、石炭は、硫黄分を数 % 含み、燃焼すると硫黄が酸化されて SO_x として排出される。また、燃焼に用いる空気中および燃料中の窒素が酸化されて窒素酸化物（NO_x）を生じる。4.2.2 項参照。これら燃焼排ガス（排煙）に含まれる SO_x、NO_x を除去する技術を、それぞれ排煙脱硫、排煙脱硝という。天然ガスの場合、硫黄分の含有量が小さいので、SO_x は問題にならないことが多い。

燃焼排ガス中の SO_x は、排煙を水酸化カルシウムの懸濁水に接触させて、中和反応により硫酸カルシウム（固体）にして除去される（触媒反応ではない）。

NO_x は、触媒を用いアンモニアで還元して無害な窒素に変える。NO よりも反応性が高い酸素の共存中でも、アンモニアが、酸素ではなく NO を選択して還元できるので選択還元法（SCR：Selective Catalytic Reduction）という。こ

れは，わが国で開発され世界に普及した化学技術である。触媒は、酸化チタン粒子（担体という）の表面に酸化バナジウムを担持し、さらに性能向上のために若干のほかの金属成分を加えたものがよく使われる。大量の排ガスを処理するので、圧損失を小さくするため、触媒紛体を穴（5〜10 mm）の開いたハニカム板状に成形してその成形体を積層する。触媒の形状を**図12.2**に例示する。

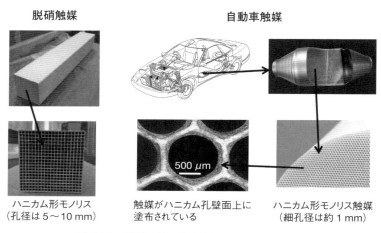

図12.2 触媒の例－脱硝触媒と自動車三元触媒
矢印先は拡大図。

選択還元反応の高い選択性は、NOが酸化され反応性の高いNO_2に変換することで発現する（12.1式）。担体に酸化チタンを用いる理由は、酸化チタンが排ガス中に共存するSO_xと反応しにくいためである（よく使われる酸化アルミニウム担体は、SO_xと反応して硫酸アルミニウムになり、膨張して破損する）。総括的な反応式12.2式に従い、NOがN_2になる。膨大な排ガスを処理するため、脱硝プラントは巨大である。脱硝装置のフロー図を**図12.3**に示す。

$$NO + (1/2)O_2 \longrightarrow NO_2 \qquad (12.1)$$

$$NO + NH_3 + (1/4)O_2 \longrightarrow N_2 + (3/2)H_2O \qquad (12.2)$$

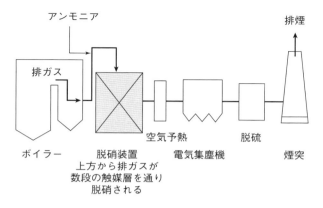

図12.3 排煙脱硝プロセスのフロー図（例）

 ## 12.3　自動車排ガス浄化触媒

排ガスと**燃費**が、自動車に関する主要な環境問題である。ガソリンや軽油を燃料とする自動車の排出ガスは、燃焼用空気に含まれる窒素と、燃料が燃焼して生成する二酸化炭素 CO_2 と水蒸気が大部分であるが、そのほかに微量ではあるが、酸素（空気中の酸素が一部反応せずに残る）、燃料の不完全燃焼により生成する炭化水素（HCと略す；hydrocarbons、おもにプロピレン、エチレン）、一酸化炭素 CO と、空気中に含まれる窒素が高温で酸化されて生じる一酸化窒素 NO を含む。排出された NO は大気中で酸化され二酸化窒素さらに硝酸イオンに変化する（$NO \rightarrow NO_2 \rightarrow NO_3^-$）。**自動車排ガス浄化触媒**（**自動車触媒**）はこれらの微量成分を除去するもので、反応ガス（自動車排ガス）の温度や組成が激しく変動することが特徴である。

1980年代に実用化され、今でも法規制の強化に対応するため性能が向上しつつあるガソリン自動車の例を説明する。この場合、触媒反応に大きな影響を与えるのは、排ガス組成である。エンジンに供給する空気と燃料の比を**空燃比**というが、一般に高速走行時には空燃比が大きいので、排ガス中に NO が多く、HC，CO が少なくなる（酸化雰囲気）。他方、低速走行時や減速時は空燃比が

小さいので、NO が少なく、HC, CO が多い（還元雰囲気）。排ガス組成は、この酸化的な雰囲気と還元的な雰囲気の間を頻繁に行き来する。

　もし、供給する空気中の酸素と燃料供給量がちょうどバランスしたときには（完全燃焼の条件。理論空燃比約 14.6)、酸素は残留せず、良い触媒が存在すると、浄化すべき NO（酸化剤として働く）と HC, CO（還元剤になる）が互いに反応して三つの成分が同時に除去される（12.3 式）。

$$\text{NO（酸化剤）} + \text{CO, 炭化水素（還元剤）} \longrightarrow N_2, CO_2, H_2O \quad (12.3)$$

　空燃比を常時バランスさせるために、排ガス中に微量残存する酸素の濃度をセンサーで測定し（空燃比が大きいと酸素濃度は高くなる）、それを使ってエンジンに噴射する燃料と空気の供給比（空燃比）を電子的に制御する。このことが可能になって初めて、自動車触媒が完成した。これは、センサー、触媒、燃料供給装置からなるシステムである。このシステムを模式的に**図 12.4** に示す。三つの成分を同時に除去するので**三元触媒**とよばれる。

　触媒は、活性成分である白金、パラジウム、ロジウム（貴金属）の超微粒子を、微細孔を持ち表面積が大きい酸化アルミニウム粉末の表面に安定な状態で分散担持させ、この貴金属を含むアルミナ微粉末をセラミックス成形体の穴の内部

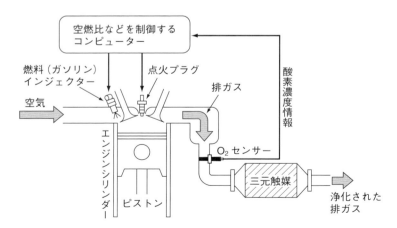

図 12.4　自動車触媒システムの模式図（御園生，2007）

表面に薄膜状に塗布したものである（実際には、触媒スラリー中にセラミック支持体を漬けたのち引き揚げて乾燥）。車1台に必要な貴金属量は1g程度であるが、車の台数が多いので必要な貴金属は膨大な量になる。

セラミックス成形体には、排ガスの通過する多数の穴がハニカム（蜂の巣）状に並行して貫通している。この成形体が自動車のマフラー中にセットされ、排ガスはここを通過する際に浄化される。貴金属微粒子をなるべく小さく（単位重量当たりの表面積は貴金属粒子径に反比例して増加）、なるべく安定に分散させることが性能向上とコスト削減のカギである。貴金属微粒子は、高温下で凝集（シンタリング）して大粒子になり表面積が低下しやすい。このシンタリング抑制が耐久性のカギ。図12.2に触媒の例を示す。

以上は、通常の走行時を想定した排ガス処理であるが、現在は、排出基準がさらに厳しくなり、エンジンスタート時の低温の際や、急加速・減速時の急激な変化の際にも対応する必要がある。そのため、触媒活性（特に低温活性）の一層の向上、エンジン直近への触媒の追加装備などが図られている。

ディーゼル車の場合、排ガス中に残留する酸素濃度が高いため三元触媒では対応できない。その理由は、過剰な酸素が、NOの還元に使われるべきHC, COを消費してしまい、これら還元剤が不足してNOが残ってしまうからである（12.3式参照）。そのため、ディーゼル乗用車では、三元触媒に塩基性酸化物を加え、窒素酸化物をいったんトラップし、排ガスが還元雰囲気になったときに（あるいはときどき少量の燃料を噴射して）、トラップされた窒素酸化物類を還元し窒素として除去する。大型のディーゼルトラック・バスの場合には、スペースに余裕があるので、前述の選択還元（SCR）によって除去する。この場合、毒性と刺激臭があるアンモニアのかわりに尿素水を用いる。尿素は、排ガス中に噴射され、そこでアンモニアに変換される。

ディーゼルエンジンの場合、NO, HC, COのほかに**粒子状物質**（**すす**、particulate matter；**PM**）が排ガス中に含まれるので、これも除去する必要がある。排ガスが比較的低温であるため、エンジン内で生成したすすの微粒子が、凝集と揮発性成分の蒸発を経て、直径2μm程度以下の粒子状物質となって排

出する。

　PMは、**図12.5**に示す「ディーゼル粒子フィルター（DPF）」を用いて除去する。前記モノリス支持体（図12.2）の穴の壁面中に多数の小孔を開け、排ガスが壁面を通過できるようにする。そして、入口と出口側の開口部を交互に栓をする。そうすると、排ガスは壁の小孔を必ず通って外に出ていくので、PMはそこでトラップされる。PMが蓄積して穴が詰まらないように、ときどき加熱してPMを燃焼除去する。したがって、DPFには耐熱性モノリス材料とPM燃焼用の触媒が必要である。

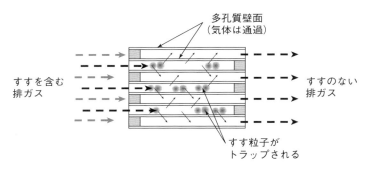

図12.5　ディーゼル粒子フィルター（DPF）
　　ハニカム形モノリス（一体成形体）の蜂の巣状にあいた穴の壁面が多孔質で排ガスが通過（小矢印）。ハニカムの出入り口が一つおきに塞いであり、排ガスは壁面を通過して排出される。すすは、壁面通過時にトラップされる。

　じつは、NOの理想的な無害化反応は、12.4式に示す窒素と酸素に直接的に分解する反応である。右辺のほうが圧倒的に安定なので、平衡論的には起こりやすい反応なのだが、実用レベルの性能を持つ触媒が見つかっていないため、実現していない。理由は、中間に生じる酸素原子が、表面に強吸着（表面を酸化）して触媒活性を阻害することと、生成した酸素分子と排ガス中にある酸素分子が、NOの吸着を阻害することである（競争吸着。おそらく弱い吸着）。

$$2\text{NO} \longrightarrow \text{N}_2 + \text{O}_2 \tag{12.4}$$

12.4　石油脱硫触媒

　石油中には1～数％の硫黄分が炭化水素に結合して存在する。この硫黄が燃焼時に酸化されてSO_xとして大気に放出されるだけでなく、自動車排ガス浄化触媒の触媒毒となって触媒性能を大幅に低下させる。そのため、軽油やガソリンの製造段階で硫黄分を除去してクリーンな燃料にする必要がある。

　過去半世紀以上にわたって、除去技術の改良と硫黄含量の規制が次第に進み、石油系燃料の硫黄含量は大幅に低下した。現在、わが国のガソリン、軽油の硫黄含量は10 ppm以下である（原料の石油にくらべ1,000分の1以下）。硫黄除去技術は、水素化脱硫とよばれ、有機系の硫黄分（硫黄を含む炭化水素）を触媒の存在下で水素化して硫化水素として除去する。ジアルキルジベンゾチオフェンを例に反応式を書くと12.5式になる。各種の阻害成分が存在するなかで、原料中の有機物の約99％を占める炭化水素類をなるべく変化させず、ごく微量に含まれる硫黄分を除去するためには、高い耐久性に加えてきわめて高い選択性を有した触媒が求められる。

$$\text{（ジアルキルジベンゾチオフェン）} + H_2 \longrightarrow \text{（シクロヘキシルベンゼン誘導体）} + H_2S \text{ など} \quad (12.5)$$

R＝アルキル基

　触媒は、酸化アルミニウム系の多孔質担体の表面に、モリブデン酸化物を主成分とし担持し、これにコバルトもしくはニッケルを活性促進剤として添加したものである。使用前にモリブデンなどは硫化され硫化物になる。この触媒は、石油に含まれる有機系窒素成分やニッケル、バナジウムなどの金属成分も同時に除去する。近年、日本に輸入される石油は、硫黄分や重金属を多く含むものが多いので、さらに高活性で耐久性のある触媒が求められている。高度な脱硫なので深度脱硫という。

第4部　環境の維持・改善のための技術　—化学技術を中心に—

12.5 そのほかの環境触媒

以上のほかに、水処理、光環境触媒、触媒燃焼、高分子リサイクル用触媒、生活関連触媒など多様な環境触媒がある。さらに、燃料電池・蓄電池の電極触媒、水を分解して水素を製造する光触媒、二酸化炭素の化学的利用のための触媒などもある。

12.5.1 水処理

水処理には**活性汚泥法**（生物的な処理法）が広く利用されるが、この活性汚泥法が不得意とする難分解性有機物質を高濃度に含む工場排水の場合には、触媒を用いた除染が適している。これは**湿式触媒酸化**とよばれ、実用化例も多い。このほかに、地下水や河川・湖沼水中の硝酸イオンの水素還元除去にも触媒が検討されている。

参考までに、上水、排水、特殊用途（飲料水、半導体製造用純水など）に利用される各種の水処理技術を**表12.1**に示しておく。活性汚泥とは、フロック（小塊）状になった多種類の微生物の集合体で、有機物全般をえさとして代謝し無害化する。ただし、生物なので相応の管理が必要である。また、使用後の汚泥は一部再使用されるが、残りは廃棄される。廃棄活性汚泥は、量的に最も多い産業廃棄物で、その多くは、減量化した後、燃料、建設資材などとして利用される。それ以外は埋め立て処分される。

逆浸透膜（有機高分子）を利用した海水、かん水の淡水化や汚染水の処理は、日本で開発され世界に展開した技術である。

表12.1 水処理技術

固液分離型	沈降、沈殿（凝集）、浮上（気泡）、ろ過
膜分離	ろ過、透析、逆浸透
化学的処理	吸着、イオン交換、化学反応（中和、酸化還元）、抽出、触媒
生物化学的処理	活性汚泥法
熱処理	乾燥、焼却

12.5.2 光触媒

壁や各種器具の表面に**光触媒**（酸化チタンなど）を混合した粉末を塗布しておくと、表面に付着した有機系の汚れ成分が自然光により徐々に分解し、とくに手入れをしなくても清浄面が長期間維持される。風呂・洗面器具、建築物の壁面やガラス表面などに適用されている。

水を分解して水素と酸素を製造する光触媒は、現在研究が活発に行われ日本が先行している未来型技術の一つである（7.4.2項）。

12.5.3 触媒燃焼

石油、天然ガスの燃焼に固体触媒を利用すると、通常の火炎燃焼よりも低温で、また、燃料が希薄な条件でも燃焼（酸化反応）させることができる。触媒活性が高いほど、低い温度で進行する。低温から中程度の温度（600℃程度以下）で使用する触媒バーナー、脱臭、VOC除去、燃料油ストーブなどと、ガスタービンやボイラーへ応用される高温型の**触媒燃焼**（800〜1500℃）がある。

触媒には、Pt, Pdなど貴金属系と、Cu, Mn, Coなど卑金属遷移元素の酸化物系が用いられる。低・中温型では、触媒活性の向上と共存物質の阻害作用が課題になる。高温型では、NO_xが減少する、それほど高温にしないですむなどのメリットがあるが、高活性・高選択性（＝完全燃焼）、耐被毒性に加えて、耐熱性（焼結、分解）、耐熱衝撃性（急熱・急冷時の熱膨張・収縮による破壊）が要求される。

12.5.4 生活関連

日常生活で利用する調理テーブル、電子レンジ内で発生する煙やにおいをその場で除去するために、貴金属系または複合酸化物系の触媒が利用される。冷蔵庫中で果物類から発生するエチレン（果物の熟成を促進）を分解して、鮮度を維持するPt系の触媒や、暖房用に燃料の触媒燃焼を適用する例もある。

12.5.5　膜分離と化学合成

　触媒反応と膜分離を組み合わせた化学品の合成が、省エネ型反応・分離技術として注目される。膜中の透過速度が分子により異なることを利用して、反応系から生成物の一部を取り出し平衡をシフトして、反応条件を低温低圧にしたり、平衡論的に不利な反応の転化率を上げたりすることが可能になる。たとえば、まだ実用化されていないが、$CO + H_2 \rightarrow$ メタノール の反応では、メタノールを膜により反応系外へ抜き出すことで平衡が右辺に偏り転化率が上がる。また、エネルギー多消費型の蒸留にくらべ、大幅に少ないエネルギー消費で分離できるという利点がある。ただし、膜のコストとのかね合いが問題。

　膜分離は、海水の淡水化やアルコール中の水分離にすでに実用化され、燃焼ガスからの二酸化炭素分離への適用も検討されている。反応器（触媒、非触媒反応）と膜分離を直結したタイプもある。これは、触媒そのものではないが、関連した重要技術である（メンブレンリアクター）。膜の透過性と分離選択性（通常、両者は相反する）、さらに強度、耐久性、装置容積、コストが実用上の問題となる。

第 13 章　地球温暖化対策

　人間活動に由来する二酸化炭素の排出が地球温暖化の主因とされ、その大幅な削減が喫緊の課題になっている。本章では、この排出を削減するための緩和策と被害を軽減するための適応策について述べる。威勢のよい過激な対策や夢のような計画がしばしば語られるが、ここでは、それは避けて、4.3 節と第 7 章を踏まえ、現実的で実行可能な対策を考えたい。

13.1　パリ協定

　地球温暖化防止に関するパリ協定が 2015 年 12 月に 200 近い国・地域が参加した COP21 で合意され、翌年 11 月に発効した。各国が温室効果ガスの排出削減の自主目標と実施状況を 5 年ごとにレビューすること、産業革命前に比較して 21 世紀後半の気温上昇を 2 ℃以下（できれば 1.5 ℃以下）に抑えることが合意された。さらに、今世紀中に人為的な（＝ 人間活動に基づく）温室効果ガスの排出を実質的にゼロにすることを最終目標とした。

　最終目標の当否、実現性については議論の余地があり、今後も紆余曲折が予見されるが、それはさておき、先進国は、人為的な二酸化炭素の排出量を大幅に低減することと、目標達成のため新興国・途上国を支援することを約束した。そして、新興国、途上国も自主目標を掲げた。ただし、GDP に対する割合を削減目標とする場合、これらの国の排出量は、GDP とともに増えつづけ、おそらく今世紀中盤になって初めて減少に転じる。主要国の自主目標を**表 13.1** にあげる。なお、実施方法は 2016 年の COP22 から議論が始まった。

表 13.1 主要国の温室効果ガスの削減自主目標
国連気候変動枠組み事務局 (UNFCC) に提出されたもの。

日本	2030 年までに 2013 年比 26 % 削減 (2005 年比では 25.4 %)
米国	2025 年までに 2005 年比 26-28 % 削減
EU	2030 年までに 1990 年比 40 % 以上削減
中国	2030 年までに GDP に対する CO_2 排出比率を 2005 年比 60-65 % 削減
インド	2030 年までに GDP に対する CO_2 排出比率を 2005 年比 33-35 % 削減
ロシア	2030 年までに 1990 年比 25-30 % 抑制

13.2 温暖化防止策の前提

13.2.1 地球温暖化と二酸化炭素排出・エネルギー消費

　温暖化の主因 (少なくとも主因の一つ) は大気中の**温室効果ガス**であり、その大部分が化石エネルギーの消費にともなう**二酸化炭素の排出**とされる。したがって、二酸化炭素の排出を、いつまでにどれだけ大幅に低減するかが問題である。ところが、エネルギー消費は、経済活動、生活と密接に関連した現代の人間社会の基盤なので、それを大幅に減らすことは簡単ではない。また、二酸化炭素排出の少ないエネルギーに代替することも、必要量が膨大なため相当に難しい。どの程度減らすべきか、どうすれば減らせるかを考える。

13.2.2 温室効果ガス排出量の推移

　世界の二酸化炭素排出量は、19 世紀から徐々に増え、1950 年頃からは顕著に増加してその後の半世紀で約 4 倍になった。この様子を**図 13.1** に示す。図 13.1 では 1950 年頃からの急増が目立つが、不思議なことに、この急増とすでに議論した気温変化 (図 4.10) の間に対応した変化が見られない。二酸化炭素の排出と大気中濃度の比較的速い応答は図 4.11 参照。なお、二酸化炭素排出量は温室効果ガスの約 90 % 以上を占める。

　図 13.2 には温暖化の議論でよく登場する近年の変化を示す。近年の増加は、おもに新興国、途上国の経済成長にともなうエネルギー需要の急増によるもの

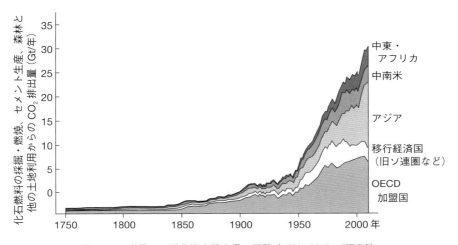

図 13.1 世界の二酸化炭素排出量の推移（1750-2012, 5IPCC）
1850-1950 年頃に漸増し、1950 年頃から急激に増加している。

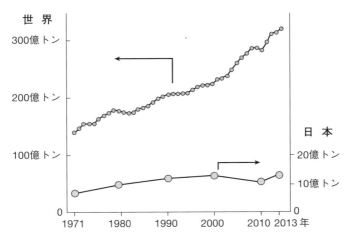

図 13.2 世界と日本の二酸化炭素排出量の推移（1971-2013）
（2014〜16 年は世界も頭打ち傾向）

で、時折みられる停滞は世界経済の後退によるものである（石油危機、リーマンショックなど）。

世界の二酸化炭素排出量は約 324 億トンで（IEA, 2014）、中国 28 %、米国

16％、インド6％、ロシア5％が多く、ついで、日本が3.7％を占める。ちなみに、中国の二酸化炭素排出量は1971～2013年で11倍になり、世界全体の排出量の約30％を占めるに至った。

　日本でも、同じ1971～2012年で約1.7倍に増えた。しかし、1990年からの約20年間は、景気低迷のため二酸化炭素排出量の増加速度にブレーキがかかっている（2013/1990は1.15倍、1990/1971は1.44倍）。2011年の原発事故後の排出量増加は、原子力を火力発電で補ったことによる増加が寄与しているが、増加傾向自体はそれ以前からみられる。

13.2.3　リスク低減とコストのバランス（コストパフォーマンス）

　温暖化対策は、温暖化リスクの低減と対策コストのバランス、つまり**コストパフォーマンス**を考えながら進めることが重要である（第2章）。その際、ほかにも大きなリスクがあるので、それらとのバランスをとることや、対策にともなう副作用のあることにも注意したい。いずれにしても、経済的に自立でき単独で量的に十分な単一の対策はないので、コストパフォーマンスが相対的に優れた方法をいくつも組み合わさざるをえない。なお、ここでいうコストは広い意味での社会の負担のことで、単なる金銭上の損得だけではない。

13.2.4　国際協力の必要性と負担の公平性

　地球温暖化はグローバルな問題であり、世界全体が協力してことに当たらなければ解決できない。たとえば、世界の4％以下の排出量しかない日本の排出**削減量**はたかが知れていて、一国でいくら頑張っても、新興国、途上国の急激な**増加量**の前では焼け石に水である。

　また、国際的な協力を実現するには、各国の負担が公平であることが望ましいのだが、公平性に関する国際合意はなかなか得られない。先進国では、削減に要するコストやそのGDPに対する割合を均等にすべきとの意見が多いが、途上国・新興国は、地球温暖化は先進国の責任だとして先進国に大きな負担を要求する。

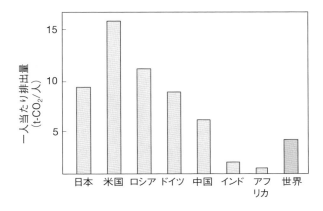

図 13.3 各国の一人当たり二酸化炭素排出量（2013）

　一人当たりの二酸化炭素排出量は，**図 13.3** に見られるように国によって大差がある。たとえば，世界の総排出量を 2050 年までに現在の半分に減らし（"国際合意"？），かつ，各国の一人当たり二酸化炭素排出量を均等にする場合を考えてみよう。世界の排出量（約 324 億トン）の半分を 2050 年の予測人口約 97 億人で割ると排出量は約 1.7 トン／人になる。これを実現するには，先進国は，現在の排出量（約 10 トン／人）を 8 割以上削減しなければならない。今から 30 年余で実現することはきわめて難しい。単純にいえば，身の回りのモノやサービスすべてを 1/5 にすればよいのだが，それは不可能である。

13.2.5　再考－本当に必要な削減量は？

　5IPCC 報告のシミュレーションは，21 世紀末における大気中の二酸化炭素濃度が異なる 4 つの未来シナリオを想定して，気温上昇を**表 13.2** のように予測している（鬼頭，2015）。なお，気温上昇の起点を産業革命以前にしても，19 世紀末にしても，ここでの議論に大きな違いはない（18～19 世紀の気温上昇は，誤差や変動を考慮すると小さい。図 4.9）。

　二酸化炭素濃度は 2015 年ですでに 400 ppm に達しているので，低位安定化シナリオは考え難い。また，高位参照シナリオは成り行きシナリオであり，最

近の濃度変化（2 ppm/年）と現在の削減努力からみてその可能性は低い。中位ないし高位安定化シナリオが妥当であろう。

表 13.2 の中位安定化と高位安定化シナリオを見ると、予測された気温上昇はそれぞれ平均 1.8℃ と平均 2.2℃（最大 3.1℃）であり、パリ協定が目標とする 2℃ 以下は、今の緩和策をある程度強化すれば達成できそうである（"劇薬"ではなく"漢方薬"で十分）。もし、人為起源と自然起源の気温上昇が半々であれば（第 4 章）、予想される人為起源の気温上昇は大幅に減り（二酸化炭素濃度に対する気候感度が約半分になるため）、自然起源の上昇（約 0.5℃/100 年）を加えても、気温上昇は上限でも 2℃ 程度になろう。その場合、ほどほどの適応策を施すことにより温暖化リスクはおおむね回避できるものと思われる。

表 13.2　5IPCC の未来予測（大気中の二酸化炭素濃度と気温上昇）

シナリオ	21 世紀末濃度	2081～2100 までの気温上昇（平均）
低位安定化	421 ppm	0.3～1.7 (1.0)℃
中位安定化	538 ppm	1.1～2.6 (1.8)℃
高位安定化	670 ppm	1.4～3.1 (2.2)℃
高位参照	936 ppm	2.6～4.8 (3.7)℃

13.3　二酸化炭素排出の削減策

はじめに、二酸化炭素排出の一般的な削減策を、茅陽一氏の提案によるつぎの恒等式に沿って考える。

$$
\begin{aligned}
\text{二酸化炭素排出量}(CO_2) &= \left\{\frac{\text{二酸化炭素排出量}(CO_2)}{\text{エネルギー消費}(E)}\right\} \times \left\{\frac{\text{エネルギー消費}(E)}{\text{経済規模}(GDP)}\right\} \times \text{経済規模}(GDP) \\
&= (\text{エネルギーの炭素率}) \times (\text{エネルギー生産性の逆数}) \times GDP \qquad (13.1)
\end{aligned}
$$

13.1 式の全微分をとると、

$$\Delta CO_2 = \Delta(CO_2/E) + \Delta(E/GDP) + \Delta GDP \qquad (13.2)$$

ここで、CO_2/E は**エネルギーの炭素率**（エネルギー当たりの二酸化炭素排出量、低炭素化率の逆数に比例）、E/GDP は経済の**エネルギー効率**（エネルギー生産性、"省エネ率"）の逆数、Δ はこれらの変化率を表す。経済活動の規模は、ふつう国民総所得（GDP）で考える。

13.2式によれば、二酸化炭素排出量の削減率は、(1) 消費エネルギーの炭素率の低減と、(2) エネルギー生産性の改善、(3) 経済規模の縮小の三つに分けて考えることができる。この考え方に従って、過去約30年（1980～2010年）の実際の変化を見たのが、**表13.3** である。変化量が大きいので13.2式は厳密には成立しない。

表13.3 エネルギー消費（E）、GDP（実質）、二酸化炭素排出（CO_2）などの変化（1980-2010）（EDMC, 2016）

	CO_2/E	E/GDP	GDP	CO_2	CO_2/GDP	CO_2/人口
日本	-9%	-27%	+90%	+26%	-34%	+15%
欧州OECD諸国	-23%	-36%	+85%	-9%	-51%	-21%
米国	-1%	-50%	+129%	+13%	-51%	-17%
中国	+64%	-83%	17.9倍	5.1倍	-72%	3.7倍
世界	+3%	-31%	+136%	+67%	-29%	+7%

この表は数字が多くて分かりにくいかもしれないが、よく見ると、いろいろなことが読み取れる。まず、世界全体の二酸化炭素の排出は、GDP（2.4倍）、人口（1.9倍。表にはない）の増加とともに、30年間で67％増加した。これは、中国の傾向を縮小反映したものであり、世界の傾向は新興国の経済成長によるところが大きいことが分かる。欧州の先進諸国（OECD国）は、エネルギー生産性とエネルギーの炭素率の改善（低炭素化）が大きく、GDPが2倍近くに増えたにもかかわらず、二酸化炭素の排出は約1割の減少に転じた。これには旧式の石炭火力発電を更新したことが寄与している。

表13.3の増減の主なものを日本、欧州、世界について**図13.4**に示した。

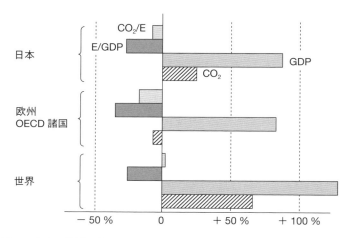

図 13.4 日本、欧州、世界のエネルギー消費、二酸化炭素排出などのトレンド（1980〜2010。表 13.3 から）

上述のトレンドが明確に分かるであろう。

たとえば日本は、GDP が 2 倍近くになり二酸化炭素の排出が 25％ 増加した。日本は 1980 年代以前のエネルギー生産性向上が大きく、それ以降の改善幅が相対的に小さい。それでも、京都議定書の目標値（2008〜2012 年の温室効果ガス排出の平均を 1990 年比で 6％ 削減）は、二酸化炭素は増加したものの（＋5％）、フロン、メタンなどの削減（−4％）、森林などの吸収源（−4％）、多国間排出権取引（−6％）でカバーして達成した（合計で 9％ 削減）。

13.4　日本の二酸化炭素排出の削減策

日本を例に二酸化炭素の排出削減策を具体的に考えてみよう。日本の削減目標は（表 13.1）、二酸化炭素の排出量を 12.4 億トン（2013）から 9.2 億トン（2030）へ削減することに相当する。2050 年に 80％ 削減を目指すことも検討されているが、これは"劇薬"的な対策を必要とする。

ここで、著者の見解を先にまとめておくと、「コストと時間軸を考えると、**少数だけで決め手となる対策技術はないので、省エネ、エネルギー低炭素化、**

節エネ、創エネ対策のうち正味のコストパフォーマンスが相対的に良いものを総動員して（優先順位をつけ、筋の悪いものは後回し）二酸化炭素の排出を削減すれば、2030〜2050年までに20〜40％の排出削減が可能であろう。不足分があれば排出権取引や森林吸収などで補う。**地球温暖化のうち人為起源が半分程度であるならば（第4章）、以上の緩和策に適応策を追加すれば、温暖化の被害をおおむね回避できる**」である。過度な対策は大きな副作用を招き、"角を矯めて牛を殺す"ことになりかねない。また、創エネを性急に推進するよりも、体系的な省エネに注力することのほうがよいと考えている。二酸化炭素の削減は長期的なエネルギー戦略の問題であり、国家百年の計なのでじっくりと進めたい。

　以下にいくつかの対策とそれによる削減量を検討する。これらの例から全体を想像していただきたい。このほかに非技術的対策として環境税、炭素税がある。ここでは取り上げないが、これらの新しい課税は、ほかのエネルギー関連の減税とバランスよく組み合わせて、エネルギー全体に対する増税はなるべく小さくすべきであろう。

13.4.1　一次エネルギーの低炭素化

a. 化石燃料間のシフト

　石炭火力発電の二酸化炭素発生量は、エネルギー当たりで天然ガス火力の約2倍である。したがって、石炭から天然ガスへの燃料シフトは、発電用石炭に由来する二酸化炭素の排出（エネルギー当たり）を約半分にする。現在、石炭火力は二酸化炭素全体の約2割を排出しているので（図13.6参照）、これをすべて天然ガスに転換すると、単純計算ではその半分約10％を削減できる。

　ただし、大型設備すべてを更新するには30〜40年が必要で（1つで約10年）、そのうえ建設時に二酸化炭素発生があるので正味の削減量は目減りする。また、天然ガスだけに頼ることは、エネルギーの安全保障に問題が起こるので、すべてを転換することはできない。**時間とコストがかかる点と削減量が全体の数％程度にとどまる点は、後述する多くの対策技術に共通することである。**

b. 再生可能エネルギー

装置の製造・設置を含めた LCA を考えると、多くの場合、新再生可能エネルギーの二酸化炭素削減への寄与は大きくない（第 7 章）。また、コストが割高で（固定価格買い取り制度による国民負担の増大）、量的拡大に時間がかかる。そのうえ、太陽光発電、風力発電など天候、季節で供給量が変動するものが多く、供給安定化のためには大容量の蓄電、送配電システムの構築が必要である。これらの構築はエネルギー消費が大きい。

以上の事情を考慮すると、新再生可能エネルギーを大量普及するには課題が多く、また、時間軸その 2 を考えなければならず、即効性は期待できない。**ケースバイケースに技術進歩、コストダウン、制度変更などの動向を見ながらゆっくり普及させることが適当と思われる**。図 13.5 は、政府のエネルギー基本計画に示された電源の 24 % を占める再生可能エネルギーの構成である。排出削減への貢献は 13.3.4 項参照。

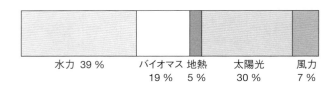

図 13.5　日本の 2030 年の再生可能エネルギー由来の電源の構成（エネルギー基本計画）

c. 原子力

原子力発電（原発）は二酸化炭素の削減効果が大きいので、2011 年の福島原発事故までは原発の大量新設が計画されていた。しかし、今は、福島原発の廃炉、賠償、除染の目処がたたない状況である。安全性と使用済み燃料の処理が確保されない限り日本における原発の拡大は難しい。それでも、再稼働分の原発による排出削減は見込めるであろう。

d. CCS

CCS は、CCS プロセス全体のエネルギー効率とコストに難点があり、実用化の目処はたっていない（第 7 章）。それでも、化石エネルギーの使用を継続

するために頼らざるをえない場合を想定して、世界各地で研究開発が進められている。国の開発プロジェクトでCCSを大前提にしたものがあるが、これらは下手をすると絵に描いた餅となる。

天然ガスの生産地で、アンモニア製造と組み合わせ、製造過程で分離した二酸化炭素をガス田の天然ガスの回収増強に利用する構想もある（アンモニアをエネルギーキャリアとして輸入）。ただし実現性は不明。

13.4.2 エネルギー生産性の向上（省エネ・節エネ）

前述の諸対策により30〜40年かければ、10〜20％程度の二酸化炭素削減の可能性があろう。しかし、削減量をさらに上乗せするには、省エネ・節エネを推し進める必要がある。まず、どの部門に注力すべきかの見当をつけるため、

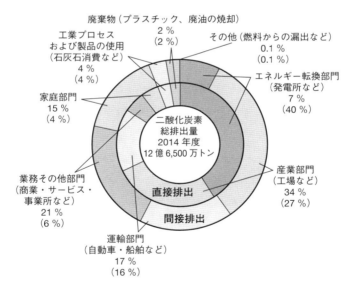

図13.6 部門別の二酸化炭素排出量の割合（日本，2014，JCCCA）
内側の円グラフは直接排出部門別（カッコ内％）。外側は間接排出部門（発電部門の排出量を産業、民生部門に割り振るなどしたもの。JCCCAは地球温暖化防止活動推進センター）。産業部門の内訳は、鉄鋼業が最大で44％、ついで化学工業が16％。このほか、化学関連でゴム・プラスチック製造、紙・パルプ産業がある。

部門別の二酸化炭素排出量を**図13.6**に示す。産業部門の占める割合が多いが、その割合は近年減少しつつあり、運輸と民生（業務、家庭）部門の増加が相対的に大きい。したがって、運輸、民生部門が省エネ、節エネの主要な削減対象になろう。なお、世界では、運輸が22％である。

省エネとは、エネルギーの転換技術や利用技術の効率化（高効率発電、ヒートポンプ、高効率家電など）をいい、節エネとは、エアコンの台数減や設定温度の変更、運転時間の短縮、照明など電気製品のスイッチをこまめに切る、各種製品を大事に使い長持ちさせるなどをいうことにする。ただし、両者を合わせて省エネルギーということもある。

節エネは、節約、倹約であり、我慢をともなうが、追加のコストや資源・エネルギーの投入が少ないので削減効果は確実である。ただし、一つ一つの貢献が大きくないので、数多く積み上げることが必要。ライフスタイル（価値観）やサービス業を含めた全体の変革ができれば、民生部門の10％程度の削減は可能であろう。

a. エネルギー供給・利用

電力関係は扱うエネルギー量が大きい。化石エネルギーによる火力発電の効率は、現在30〜40％程度であるが、最新の天然ガスのコンバインドサイクル発電であれば50％超が可能で、今後さらに改善しうる。電力全体の5％程度は削減できよう。ただし、大型設備すべての更新には時間もコストもかかる。

送電変電には約5％のロスがあり、改善の余地がある。また、消費電力の約半分は、各種電気機器に使われる電気モーターなので、その効率向上は有効である。開発者の試算によれば、新型の永久磁石の採用によりモーター消費電力の約5％が節減される（全消費エネルギーの約1％）。

コジェネレーション（熱電併給）は、熱と電気への転換を合計した変換効率は大きくなるが、その有効性は熱の有効利用が前提なので、効果はやはり限定的である（第7章）。熱利用の効率改善には、ヒートポンプ（註）のいっそうの普及とこれに匹敵する熱利用技術の開発が期待される。大容量の蓄電池や燃料電池の普及には、コストと耐久性の問題があり、2050年以降に期待したい。

註)ヒートポンプ。圧縮ポンプなどで外部から仕事を加えて、熱を低温側から汲みだして高温側へ移動させるのが、冷蔵庫やエアコンの冷房である。この方法を利用して、比較的少量のエネルギーを使って、比較的温度の低い外気や排水から熱を集めて高温の熱を供給する技術がヒートポンプである。外から加える仕事(エネルギー)の3〜5倍の熱エネルギーを汲み上げることができる。

b. 輸送

輸送部門の二酸化炭素排出は、増えているが頭打ちの傾向がみられる。燃費の向上、低排気量車種の増加、自動車台数の飽和が理由である。各種電気自動車は、かりに普及しても現時点の技術では二酸化炭素削減への正味の貢献はあまり期待できない(コラム「次世代自動車とその二酸化炭素削減効果」参照)。

輸送量とエネルギーだけを考えれば、鉄道やバス、トラックのほうが自家用車にくらべ圧倒的に効率が良い。しかし、door to door のニーズ、利便性、快適性を考えるとそう簡単には転換できない。両者の共存により地域全体の効率が上がるシステムを考える必要がある。

COLUMN

次世代自動車とその二酸化炭素削減効果

通常想定される乗用車の耐用走行距離 10 万 km を前提として、電池のみで走る電気自動車とガソリン自動車をくらべてみよう(小型車相当を考える)。

ガソリン車と電気自動車について、仕様書などから求めた基本特性とこれらに従って概算した削減コストを表に示す。結果は、以下に述べるように、ガソリン自動車を電気自動車に変えた場合、走行時の二酸化炭素削減コストは、CO_2 1 トン当たり約 28 万円、自動車製造を含めると削減量は小さく、コストは約 210 万円になる(**表**)。

	燃費	エネルギー単価	エネルギー消費量	エネルギー費用	走行時排出二酸化炭素	総合的削減コスト
ガソリン車	20 km/L	100 円/L	5,000 kL	50 万円	約 12 トン	—
電気自動車	10 km/kWh	20 円/kWh	10,000 kWh	20 万円	約 6 トン	210 万円

ガソリン車は、10万km走行するのにガソリン5,000 kLを消費する。ガソリン1Lから二酸化炭素2.32 kgが生成するので、1台当たり二酸化炭素を約**12トン**排出する。他方、電気自動車は、1万kWhの電力を消費し、発電時の平均的二酸化炭素排出が0.6 kg-CO_2/kWhなので、二酸化炭素を**約6トン**排出する。

　以上で比較すると、電気自動車は、二酸化炭素排出が**6トン**（＝12－6）少なく、走行に要する費用は30万円（＝50－20）少なく、自動車価格が200万円程度高いので、電気自動車で二酸化炭素を1トン削減するのに（200－30）万円／6トン＝28万円程度かかることになる。

　以上に加えて、自動車製造時の二酸化炭素排出を含めて考えなければ意味がない。そこで、この量を大胆な近似により推定する。それは、加工度が近い製品の間にある程度見られる二酸化炭素排出量と付加価値（価格）の比例関係である（第3章コラム）。これを仮定すると、日本の国民総所得500兆円に対し13億トンの二酸化炭素を排出しているので、両自動車間の**200万円**の価格差は二酸化炭素**5.2トン**に相当する。実際、普通の乗用車の価格と製造時の二酸化炭素排出量はほぼこの比になっている。この近似に従うと、電気自動車1台（10万km走行）による削減量は、製造時を含めると、6－5.2＝**0.8トン**にしかならず、二酸化炭素を1トン削減するのに（200－30）/0.8 ≒ 210万円かかることになる。ここで用いたデータはやや古いが、大筋は今も変わらないと思われる。なお、軽自動車と、相当する電気自動車についての試算からも、似たような結果が得られる。したがって、電気自動車は、今のままではコストパフォーマンスが低く、大量普及は難しい。コストダウンをはかりつつ（おもに蓄電池のコスト）徐々に普及すべきである。

c. 製造部門

　製造部門は省エネルギー化がすでに相当進んでいて、今後の改善は難度が高い。それでも、工場全体の効率化、他工場や地域社会との連携などによる効率化の余地はあろう。日本の総排出量の約5％（産業部門の16％）を占める化学産業においても排出削減のための投資は今もつづいているが、コストパフォーマンスは大幅に低下している（表13.5参照）。一律の削減ではなくコストパフォーマンスの高い分野、部門を優先して削減すべきであろう。

化学製品の削減効果については、国際化学工業協会協議会（日欧米の化学工業協会の連合組織）によるLCAの結果がある（2009）。これによると、化学製品の使用により削減された二酸化炭素の量は、化学製品の製造時に発生した二酸化炭素の量の2.1〜2.5倍になる。削減した量とは、化学製品を用いた場合の二酸化炭素排出量を、同じ機能を持つ非化学製品のうち最良のものの二酸化炭素排出量と比較したもので、もし化学製品がなかったら、排出量がずっと多くなっていたことを意味する。削減に貢献したおもな製品は、**建物の断熱材、肥料、農薬、照明材料、プラスチック包装・パイプ**などである。現実には、それにもかかわらず排出総量が増えているので、第3章で述べた「効率と総量」のジレンマがある。

d. グリーンIT

情報産業の著しい伸長にともなって、計算機やデータセンターなどが消費する電力が膨大になりつつある。設備を収める部屋の空調と、計算機自体の電力消費による。2006年の実績で、電力消費全体の約5％を占め、2020年には、その割合が20％にも達すると予測された。このままでは、一大電力消費産業になってしまうので、産官が協力して、**グリーンIT**とよぶ消費電力削減の活動を始めた。人工知能、ビッグデータの処理など、ITは今後ますます拡大普及するので、その省エネ対策が必須であろう。

13.4.3　そのほかの省エネ・節エネ

民生部門（業務その他部門および家庭部門）　民生部門は、業務（オフィス、スーパーなど）、家庭ともに、照明、電気製品の動力、給湯、調理、冷暖房、自動車からの排出が多い。家庭部門からの二酸化炭素排出の内訳を**図13.7**に示す。いずれの用途においても効率向上と節約が期待される。これらを積み上げれば、省エネが普及した後には、10％程度（全体の3％）の削減が見込まれよう。ただし、効率向上だけでは総量が減るとは限らない（第3章）。

家庭の省エネ問題の例として、IH調理と都市ガス調理を比較してみよう。都市ガスの場合、天然ガスがもつエネルギーのうち家庭に届くエネルギー（都

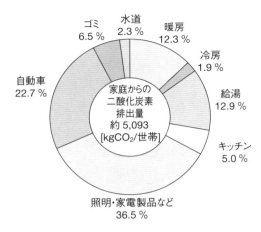

図 13.7 家庭部門における二酸化炭素排出の内訳（日本，2014，JCCCA）

市ガス）の割合は多いが、調理時のエネルギー利用効率が低く、全体のエネルギー効率は 50 %程度である。他方、IH の場合、調理時のエネルギー効率は高いが、家庭に届く電力は一次エネルギーの約 1/3 なので、全体の効率は 20～30 %になり、全体のエネルギー効率は都市ガスのほうが高い。ただし、利便性、安全性などを考慮すると別の評価もありえる。おそらく、IH 調理、都市ガス調理が共存しながら、全体としての効率、利便性、安全性を最適化することが望ましい。

都市・建築 建物の壁の断熱材などは省エネ効果が大きい。初期投資は必要であるが早期の回収が見込める。外壁表面の反射性（遮熱性）、透熱性（寒冷期用）や路面の透水性、緑地化なども改善の余地が多い。各家庭だけでなく、地域全体の効率化と最適化、また、地域全体としての自然（緑、水、土、風、地中熱）の活用による自然共生型都市計画が期待される（第 9 章 GSC 参照）。

13.4.4　日本のエネルギーの将来シナリオ

　著者らが検討した 2050 年までのエネルギーと二酸化炭素削減のシナリオを紹介する（御園生ら，2012）。これによりエネルギー戦略の前提となる各種要

13.4　日本の二酸化炭素排出の削減策

表 13.4　長期エネルギーシナリオ（原子力現状維持のケース）

	2010		2030		2050	
	エネルギー 億TOE	CO_2 億t	エネルギー 億TOE	CO_2 億t	エネルギー 億TOE	CO_2 億t
実績と目標値	5.14	11.21	5.04	9.87	4.47	7.07
	実績		予測値			
石油	2.12	4.93	1.69	3.9	1.27	2.9
石炭	1.20	4.25	0.96	3.4	0.62	2.2
天然ガス	0.96	2.03	1.3	2.75	1.2	2.5
(化石エネ計	4.28	11.21	3.95	10.05	3.09	7.6)
原子力	0.61	～0	0.61	～0	0.61	～0
水力	0.18	～0	0.20	～0	0.22	～0
廃棄物利用	0.07	～0	0.1	～0	0.12	～0
太陽光、風力、地熱発電	0.01	～0	0.06	～0	0.36	～0
(再生可能エネ計	0.26	～0	0.36	～0	0.70	～0)
合計	5.14	11.21	4.92	10.05（目標不達）	4.4	7.6（目標不達）

因に何があるか、必要な対策と削減効果のおよその量的関係はどうか、などを把握することができよう。

　前提条件として、2010年→2030年→2050年で、人口は1.28→1.17→0.97億人、GDPは年率0.5～1.0％増加、GDPに対する消費エネルギーの比は、**省エネ・節エネ努力により20年で20％ずつ削減**することとした。したがって、エネルギー需要は1.0→0.98→0.87倍に減少する。これに**エネルギーの炭素率（CO_2/E）を前半の20年で10％減、後半20年で20％減**とした。そうして初めて、二酸化炭素排出は、2010年にくらべ、**2030年で12％減、2050年で37％減**となる。

　この条件のもと、(1) 原子力が現状維持（2010年、約12％）のケースと(2) 原子力ゼロで不足分を再生可能エネルギーと天然ガスで補うケース、(3) 原子力ゼロで不足分を石炭で補うケースの3ケースを考えた。(1)のケース（原子力、2010年レベル維持）を**表 13.4**に示す。この二酸化炭素排出の目標値は、日本

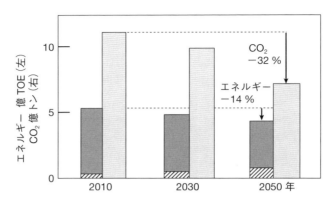

図 13.8 エネルギーの将来シナリオのトレンド（表 13.4 から）
斜線は再生可能エネルギー（水力が主）。

が提出した目標をやや下回る（表 13.1）。それでも新再生可能エネルギーを 40 年間で 36 倍とする野心的な目標である。これを 100 倍にして、その分、化石エネルギーを減らせば、ここでの目標をぎりぎり達成するが、その効果はあまり大きいとはいえない。少々の努力では目標の達成が非常に難しいことが分かるであろう。このシナリオ全体のトレンドを**図 13.8** に示す。

原子力ゼロとした場合は、新再生可能エネルギーを 2050 年に現状の 70 倍の 0.91 億 TOE、水力 0.4 億 TOE と大幅増にし、石油、石炭をすべて天然ガスにしても、CO_2 排出量は設定した目標値を 17％ 超過する。そして、コストも非常に大きくなる。もし、原子力分を石炭火力で代替すると、コストはほかの 2 ケースにくらべ低くなるが、二酸化炭素は目標値を大幅に上回り目標不達となる。このほかにいろいろなケースが考えられるが、ここにあげた典型的ケースから結果はおおよそ想像できよう。

ちなみに政府（2015、閣議決定）が発表した**エネルギー基本計画**によると、経済成長（1.7％/年）により増加するエネルギー需要を"徹底した"省エネで圧縮し 13％ 削減する。その場合、2030 年のエネルギー供給量は 4.5 億 TOE で、その構成は、再生可能エネルギー（新・旧）13〜14％、原子力 11〜10％、天然ガス 18％、石炭 25％、石油（LPG を含む）33％ である。表 13.4 に似ている

が、再生可能エネルギーと石炭の割合が多く天然ガスが少ない。

13.4.5 適応策

地球温暖化の結果として起こる各種の被害を低減するための対策つまり適応策（事後対策、対症療法）について簡単にふれておく。温暖化の影響を定量的に予測することは非常に難しいが、いずれの対策も大きな経済負担をともない国際的な政治経済への影響もあるので、コストパフォーマンスを考慮したバランスのとれた総合的な対策が不可欠である。いずれにせよ、緩和策と適応策の両方がともに必要なこととそのバランスが大事であることは間違いない。

生態系の変化　変化がゆっくりであれば、農業作物の変更、品種の改良などにより対応できよう。場合によっては、大量の移住が必要になるかもしれない。なお、温暖化と二酸化炭素濃度の増加により全体の食糧生産は増えるとの予測もある。防疫・検疫体制の見直しも求められる。それでも、これらは、おそらく現実的に負担できる範囲であろう。

気象変化　異常気象の強度と頻度の増加が格段に増せば、それに応じた防災対策の強化、居住地域の変更が必要になる。

海水面の上昇　表13.2の中位・高位の予測であれば、移住や堤防建設など人類が過去に経験してきた対策で対応は可能であろう。

13.5　まとめ－現実的な温暖化防止策

コストパフォーマンス

繰り返しになるが、単独あるいは少数で決め手となるような妙案はない。13.4節のはじめにまとめ（太字）として述べたように、省エネ・節エネ、エネルギー低炭素化の技術のうち、正味の削減量が相当程度あって、コストパフォーマンスが相対的に良いものを多数選んで積み上げることになる。創エネを適切な速度で普及することも有効である。ただし、巷で有力な手段として喧伝されているものも、ライフサイクルで評価するとコストパフォーマンスが良

くないものや時間軸があわないものが結構あるので、優先順位を間違えないようによく吟味すべきである。

もちろん、将来型の夢技術は大事であり、相応の研究開発が必要だが、21世紀中盤までの対策には間に合わない。これらは、当面の対策とは別に、長期的戦略のもとに考えるべきであろう。

参考までに、コストパフォーマンスの試算結果の例を**表 13.5**に示した（御園生，2010）。これは2009年時点のもので、その後技術の進歩によりコストは下がっているが、今でもおおむね正しいと思う（原発のコストはかなり上昇か）。参考までに、排出権取り引き市場の相場と、2014年に化学産業が行った削減のための投資額を表に追加した。いずれの技術も相当のコストがかかり、かつ、コストパフォーマンスに大きな違いがあることが分かる。

表 13.5　二酸化炭素排出の削減技術のコスト（1トン当たりの削減コストの概算値）

二酸化炭素削減技術	削減コスト（CO_2 1トン当たり）
太陽光発電（日本）	約15万円
バイオエタノール（ブラジルから輸入）	3～4万円
ハイブリッド自動車	約4万円
電気自動車（軽相当）（コラム参照）	35万円以上
住宅窓（樹脂サッシ、二重ガラス）	1～2万円
原子力発電	約500円
参考	
排出権市場（2009）	約1000～2000円
化学産業の投資（2014）	4.6万円

同様のことは、電源別の発電コストにもいえる。政府が試算した2014年時点の1kWh当たりの発電コストは（資源エネルギー庁，2015）、原子力が10.1円以上（原発事故の処理費が未確定のため上限が示されていない）、石炭火力12.9円、LNG火力13.7円、一般水力11.0円に対し、太陽光29.4円、風力（陸上）21.9円、小規模水力23.3～27.1円、バイオマス（バイオマスのみを燃料とする専焼の場合）29.7円と、新再生可能エネルギーはいずれも非常に高い。

このなかで、太陽光発電（と風力発電の一部）は2030年に向けて大幅なコス

トダウンが見込まれている（2010年代に価格が急に低下したが、これは主として固定価格買い取り制度の導入により、海外製の低価格製品が大量輸入されたため）。いずれにせよ、発電コストの推算値は、地域、設備や試算の前提により大幅に変わるうえ、政治の影響も受ける。したがって、これらの数字はあくまで参考程度のものである。

海外では、風力や太陽光などの新再生可能エネルギーによる発電コストが非常に低いとされる地域がある（たとえば、北アフリカ、中東の砂漠は日射量が日本の約2倍なので、単純計算ではコストが半減）。今後の推移を見守る必要があるが、もし、本当に安価な電力が大量に得られるのであれば、エネルギーキャリアを使って海外から輸入することも視野に入る。

温暖化以外の課題との兼ね合い

上記のコストパフォーマンスは、温暖化防止効果とコストだけを考えたもので、総合評価には、利便性、安全性との兼ね合いやほかのリスクを考えなければならない。また、個人にとってのパフォーマンス（メリット）と地域全体、社会・世界のそれとの折り合いをつけることも必要である。

具体的な温暖化防止策

具体的な対策は13.3、13.4節に例示した。省エネ、節エネを重視し、「ライフサイクルのパフォーマンス」と「時間軸」を考えて、よい対策の組み合わせを選ぶべきである。基本的な選択条件は表7.2にあげた。いずれにせよ、社会全体を考えた総合的な対策が求められる。

なお、筋の良い未来型技術開発への時間軸を考慮した着実な投資は不可欠。新再生可能エネルギーや電気自動車などは、前述したように、技術進歩とコストパフォーマンスを見ながら徐々に普及をはかるのがよい。

ただし、これらの努力をしても表13.1の目標達成は容易ではない。おそらく、京都議定書の場合と同様に、ほかの温室効果ガス、森林などの吸収、途上国・新興国との排出権取り引きを含めた対策が必要になろう。

とりわけ、途上国・新興諸国との連携は不可欠である。これらの国は、今後、二酸化炭素排出量が急増し世界の大半を占めるようになる。また、現在は、開

発途上でエネルギー生産性が低いものが多く、新しいエネルギー技術やシステムを導入する余地が大きく、かつ相対的に容易である。

以上は、現システムを前提にしたものであるが、将来的には、社会システム、ライフスタイルを省エネで高福祉をもたらす方向へ舵を切っていくことが必要で、今からその準備を体系的・組織的に進めることが望ましい。

その際、優先順位は、13.3式である。

$$\Delta CO_2 < \Delta E < \Delta GDP < \Delta(幸福度) \quad (13.3)$$

最初の3項目については前述した。最後の幸福度について付言すると、将来は、13.1、13.2式の右辺第3項や環境クズネッツ曲線（第1章）の横軸を、GDPではなく、新たに定義する福祉あるいは幸福の指標とすべきである。経済が発展途上のうちは、幸福度はGDPと比例するかもしれないが、経済が発展し成熟すると、GDPが増えたからといって必ずしも幸福度が増すわけではない。いずれ"量から質"への転換が必要であろう。

節約、倹約は有効であり必要だが、節約、倹約を要求し過ぎて窮屈な社会にならないようゆっくりした変化が望ましい。

適応策も考える必要がある。これは、緩和策を実施しつつ、気候変動の実態を注視しながら進めるべきであろう。ただし、21世紀中盤以降の長期的なものは柔軟に徐々に焦ることなく進めるほうがよい。あまり贅沢をいわなければおそらく適応は可能であろう。

引用・参考文献

全体

御園生 誠：『化学環境学』化学の指針シリーズ，裳華房（2007）．
御園生 誠：『持続可能社会へ向けた温暖化と資源問題の現実的解法』丸善（2008）．
安井 至：『市民のための環境学入門』丸善（1998）．
北野 康：『化学の目でみる地球の環境 ―空、水、土（改訂版）』裳華房（2000）．
西村雅吉『環境化学（改訂版）』裳華房（1998）．
指宿堯嗣・上路雅子・御園生 誠：『環境化学の事典』朝倉書店（2007）．
日本化学会 編『化学便覧（応用化学編）第 7 版』丸善出版（2014）．
矢野恒太記念会：『日本国勢図会 2015/16』（2015）．
矢野恒太記念会：『世界国勢図会 2016/17』（2016）．
日本エネルギー経済研究所計量分析ユニット（EDMC）：『エネルギー・経済統計要覧 2016』省エネルギーセンター（2016）．
環境省 編：『環境白書〈平成 27 年版、28 年版〉』環境省ホームページ，日経印刷（2015，2016）．
経済産業省 編：『エネルギー白書 2016』経済産業調査会（2016）．

第 1 部

濱田隆士：『地球システムのなかの人間』岩波講座「科学技術と人間」8，岩波書店（1999）．
村上陽一郎：『科学者とは何か』新潮選書，新潮社（1994）．
富山和子：『環境問題とは何か』PHP 新書，PHP 研究所（2001）．
松野 弘：『環境思想とは何か』ちくま新書，筑摩書房（2009）．
米国科学アカデミー：『一つの地球一つの未来』富永 健 訳，東京化学同人（1992）．
米本昌平：『地球環境問題とは何か』岩波新書，岩波書店（1994）．
D. H. メドウズら：『限界を超えて ―生きるための選択』松橋隆治・村井昌子 訳，ダイヤモンド社（1992）．
宮本憲一：『維持可能な社会に向かって』岩波書店（2006）．
御園生 誠：第 7 回 GSC 国際会議基調講演（2015）．
広井良典：『定常型社会 ―新しい「豊かさ」の構想』岩波新書，岩波書店（2001）．
広井良典：『創造的福祉社会 ―「成長」後の社会構想と人間・地域・価値』ちくま新書，

筑摩書房（2011）．

中谷内一也：『リスクのモノサシ ―安全・安心生活はありうるか』NHK ブックス，日本放送出版協会（2006）．

南斉規介・森口祐一：『産業連関表による環境負荷原単位データブック（3IED）』2005年表，国立環境研究所（2012）．

第2部

井田喜明：『地球の教科書』岩波書店（2014）．

中杉修身・水野光一：『人間生存のための化学（上）』新産業化学シリーズ，大日本図書（1998）．

J. E. アンドリューズら：『地球環境化学入門（改訂版）』渡辺 正 訳，シュプリンガー・フェアラーク東京（2005）．

沖 大幹：『水危機 ほんとうの話』新潮社（2012）．

沖 大幹：『水の未来 ―グローバルリスクと日本』岩波新書，岩波書店（2016）．

5IPCC：『気候変動に関する政府間パネル第1作業部会第5次報告書（気候変動2013 自然科学的根拠）政策決定者向け要約』（気象庁 訳）MWO，UNEP（2015）．

赤祖父俊一：『正しく知る地球温暖化』誠文堂新光社（2008）．

伊藤公紀：『地球温暖化』日本評論社（2003）．

丸山茂徳：『「地球温暖化」論に騙されるな！』講談社（2008）．

渡辺 正：『「地球温暖化」神話 ―終わりの始まり』丸善出版（2012）．

明日香寿川ら：『地球温暖化懐疑論批判』IR3S/TIGS 叢書 No.1，東京大学サステイナブル連携機構（2009）．

杉山大志：『地球温暖化とのつきあいかた』ウエッジ（2014）．

高橋 裕：『地球の水が危ない』岩波新書，岩波書店（2003）．

川島博之：『世界の食料生産とバイオマスエネルギー ―2050年の展望』東京大学出版会（2008）．

第3部

御園生 誠：「化学者のための現実的エネルギー講座（1～6回）」現代化学，2010年10月～2011年3月．

神田 淳：『持続可能文明の創造 ―エネルギーからの文明論』エネルギーフォーラム（2011）．

石油学会 編：『石油事典 第2版』講談社（2005）．

瀬川幸一 編：『石油がわかれば世界が読める』朝日新書，朝日新聞出版 (2005).
奥井明彦：「石油の起源とシェールオイルやシェールガス」ペトロテック，36 巻 6 号，p. 459 (2013).
神谷佳男・真田雄二・富田 彰：『石炭と重質油 ―その化学と応用』講談社 (1979).
持田 勲：『炭素材の化学と工学』朝倉書店 (1990).
御園生 誠・小島 巌・片岡俊郎：『絵でわかる自然エネルギー』講談社 (2012).
御園生 誠：『新エネ幻想 ―実現可能な低炭素社会への道』エネルギーフォーラム (2010).
本間琢也・牛山 泉・梶川武信：『「再生可能エネルギー」のキホン』ソフトバンククリエイティブ (2012).
REN21 (Renewable Energy Policy Network for the 21st Century)：『Global Status Reports』REN21 (2016).
榎本聡明：『原子力発電がよくわかる本』オーム社 (2009).
渕上正郎・笠原直人・畑村洋太郎：『福島原発で何が起こったか』B&T ブックス，日刊工業新聞社 (2012).
佐藤公彦・森本 剛：『無機プロセス工業』新産業化学シリーズ，大日本図書 (1996).

第 4 部

中杉修身・水野光一：『人間生存のための化学 (下)』新産業化学シリーズ，大日本図書 (1998).
木地実夫・加藤暢夫：『環境改善の化学』新化学ライブラリー，大日本図書 (1986).
日本化学会 監訳：『カークオスマー 化学技術・環境ハンドブック (グリーンサステイナブルケミストリー) I, II』丸善 (2009).
御園生 誠：『グリーンケミストリー ―社会と化学の良い関係のために』化学の要点シリーズ，共立出版 (2012).
御園生 誠・村橋俊一編：『グリーンケミストリー ―持続的社会のための化学』講談社 (2001).
御園生 誠・村橋俊一 編著：『最新グリーンケミストリー』講談社 (2011).
御園生 誠・松本英之・野尻直弘：『新時代の GSC 戦略』化学工業日報社 (2011).
高橋 裕：『国土の変貌と水害』岩波新書，岩波書店 (1971).
中西準子・益永茂樹・松田裕之：『演習 環境リスクを計算する』岩波書店 (2003).
中西準子：『環境リスク学』日本評論社 (2004).

日本化学会 編：『化学安全ガイド』丸善 (1999)；近畿化学協会 編：『安全のてびき』化学同人 (2010).

吉田文和：『循環型社会 ― 持続可能な未来への経済学』中公新書，中央公論新社 (2004).

細田衛士：『資源の循環利用とはなにか ― バッズをグッズに変える新しい経済システム』岩波書店 (2015).

日本表面科学会 編：『環境触媒 ― 実際と展望』共立出版 (1997).

岩本正和 監修：『環境触媒ハンドブック』エヌ・ティー・エス (2001).

御園生 誠・斉藤泰和：『触媒化学 第2版』丸善 (2009).

鬼頭昭雄：『異常気象と地球温暖化 ― 未来に何が待っているか』岩波新書，岩波書店 (2015).

茅 陽一 編著：『低炭素エコノミー』日本経済新聞出版社 (2008).

小林喜光：『地球と共存する経営 ― MOS改革宣言』日本経済新聞出版社 (2011).

国際化学工業協会協議会 (ICCA)：『温室効果削減に向けた新たな視点』日本化学工業協会監訳・発行 (2009).

あ と が き

　環境問題と著者の個人的な関わりを述べてあとがきにかえたい。それは科学技術と社会の関係に還元することのできるエピソードである。

　著者が東京大学工学部応用化学科へ進学を決めたのは、高度経済成長の勃興期であった。1960年春、見学で訪れた工場の門前に、漁民が座り込み、大漁旗がはためいていた。水俣病である。化学産業と公害の関係を想い、将来は、どのような化学技術者になるべきかと複雑な思いで考えた。当時、あちこちの化学工場を見学したが、『公害原論』の宇井 純 氏が大学院生ながらよく同行していたことを思い出す。

　その後、大学で触媒研究を続けたが、1960年代は、石油化学が花形産業として急成長したときで、石油化学用の触媒が脚光を浴びていた。ところが、1970年代になって、公害問題に加えて、石油危機が訪れ、化学産業は一変して大変な苦境に突入した。触媒研究にも北風が吹き荒れた。その少し前に、強烈な大学紛争があって（その最盛期、著者は海外にいた）、大学が総体的な見直しを迫られ、産学協同研究をタブー視する動きも強かった。

　著者が触媒研究の新しい展望をいかに切り開くべきかと相当に悩んだ時期であった。新しい方向の一つが、環境触媒である。環境保全、生活環境関連など社会に直接貢献する触媒研究と、触媒の基礎工学的研究（触媒設計）との二本柱に活路を求めた。1970年代の中盤であった。環境に関連する触媒には、すでに石油脱硫、排ガス浄化、浄水などいくつもあったが、これらをまとめて環境触媒と呼ぶことを提案した。当初、難色を示す人もいたが、結局、環境触媒フォーラムが1980年にスタートした。その後、化学産業も次第に復興し、1980年代には、わが国の工業触媒研究は世界のトップに躍り出た。著者もそのおかげで極めて忙しい時期を過ごした。この頃から産学官の協同研究は推奨されるようになった。

　1990年代には、環境調和型の化学技術など社会と化学に関する講義が始まった。グリーンケミストリーも講じた。日本化学会で環境安全推進会議の創設に

加わり、化学物質管理、化学安全について学んだ。1999年、工学院大学環境化学工学科に移り、環境関連の講義をいくつか担当した。そして、翌年のグリーンサステイナブルケミストリー（GSC）ネットワークの創設に参画した。また、地球温暖化の問題に色々な形で関わった。2005年、製品評価技術基盤機構（NITE）に移り、化学物質管理、製品安全などを行政サイドで学び、ファンヒーターに始まる我が国の製品安全行政の変革期に立ち会った。2007年には前著『化学環境学』を上梓した。この頃、日本学術会議で、学術と社会常置委員会の一員として、科学倫理、科学者コミュニティーのあり方に関して対外報告を出した。

　著者は元々環境の専門家ではなかったが、振り返ってみると、環境と調和する製造業のあり方を一貫して考えてきた。多くの国で、製造業とりわけ化学産業が環境汚染の元凶として環境の敵のようにいわれた時期もあったが、1992年の地球サミットで持続的発展（環境と経済発展の両立）が確認され、風向きが明確に変わり進むべき方向性が定まった。

　さて、未来であるが、自然の大きな流れには逆らえないにしても、人間社会のあり方は自ら制御できる部分が相当ある。自然と人工の環境をよく理解したうえで、"正しい"方向に向け、"正しい"努力を傾けたい。科学のあり方も同様である。好奇心や功名心は、人間の業であり、プラスにもマイナスにもはたらく。したがって、それらに任せて放っておけば、間違った方向に進む可能性が多分にある。科学技術が真に社会に貢献するための"正しい"努力を謙虚に誠実に続けたいものである。そして、社会や生活の変革は遅かれ早かれ必ず起こるので、科学者、技術者も、変革の方向性や進め方に対して積極的に発言していくべきではないだろうか。

索　引

ア

赤祖父俊一　61
アジェンダ 21　15
足尾銅山　12
アナスタス　159
アルコール発酵　126
アルベド　59
アルミ缶　185
アルミニウム　148
安衛法　27
安心　32
安全　32
安全工学　33
安全な水　82

イ

E ファクター　158
硫黄酸化物　52, 189
異常気象　56, 73
イタイイタイ病　12
一次エネルギー　39, 93
　　──の低炭素化　207
一次エネルギー構成　99
一次エネルギー選択の基準　98
一日許容摂取量　171
一日耐容摂取量　171
一般局　53
一般炭　114
一般毒性　169
一般廃棄物　179

引火点　169
インパクト評価　43
インベントリー分析　43

ウ

宇宙線　48
ウラン　129
　　──のライフサイクル　131

エ

栄養摂取量　25
液化石油ガス　102
液化天然ガス　111
エコ効率　160, 164
エコロジカルリュックサック　89
エチレンオキシド　161
エチレン生産能力　139
エチレンセンター　139
エネルギー　21, 34, 93
　　──の将来シナリオ　214
　　──の単位換算表　94
　　──の炭素率　205
　　──の流れ　93
　　──の変換・貯蔵　105
　　──の利用効率　103, 205
エネルギー基本計画　208, 216
エネルギー自給率　100
エネルギー資源賦存量　93
エネルギーシステム　106

エネルギー消費　6, 93, 204
エネルギー生産性　106, 205, 209
エネルギー戦略　29
エネルギー保存則　103
エネルギー密度　40, 97
エルニーニョ現象　50
LP ガス　102
エンドポイント　168, 177
エントロピー　17

オ

オイルピーク　109
オゾン層　51
オゾンホール　14, 51
温室効果　57, 200
温室効果ガス排出量の推移　200
温度差発電　136

カ

加圧水型原子炉　131
カーボンニュートラル　22, 123
海水面上昇　64, 67
化学安全　168
化学環境学　1
化学コミュニケーション　158
価格とコスト　41
化学物質　26
化管法　175

227

索　引

確認埋蔵量　96
可採年数　96
化審法　27, 174
カスケード型リサイクル　183
化石エネルギー　21, 107
化石系資源　138
化石資源と二酸化炭素発生量　42, 113
ガソリン自動車　191
活性汚泥法　196
家庭の省エネ　213
家庭の消費電力　36
茅陽一　204
ガラス固化体　132
川島博之　88
環境基準　174
環境基本法　175
環境クズネッツ曲線　8, 10
環境触媒　188
環境負荷　8
環境保護と環境保全　4
環境問題　1, 28, 156
環境リスク　167
間氷期　65
緩和策　72, 220

貴金属　152, 187
　──のリサイクル　187
気候感度　204
気候変動　56
気候変動に関する政府間パネル　15
気候変動枠組み条約　15
気候モデル　63
希少重要元素　152
季節風　49
既存化学物質　27
希土類元素　152
揮発性有機化合物　55
「旧」再生可能エネルギー　97
共生関係　84
強制循環　18
京都議定書　15
金属元素　146
金属の可採埋蔵量　146
金属の生産量　146
金属の用途　149

空燃比　191
クズネッツ曲線　8
グリーンIT　213
グリーンケミストリー　157
グリーン原料　163
グリーンサステイナブルケミストリー　157
グリーン製品　163
グリーン度　160
クリーンな燃料　195
グリーンプロセス　160
クロロフルオロカーボン　51

経済　23
経済規模　204
経済成長率　25
軽水炉　131
ケイ素　151
ケースバイケース問題　11
劇物　169
ケミカルリサイクル　184
健康有害性　169
健康リスク　170
原子経済　161
原子効率　161
原子爆弾　130
原子利用率　161
原子力発電　129
原子炉　129
元素戦略　153
原料炭　114
原料の純度　41

公害問題　12
光化学オキシダント　53
光化学スモッグ　53
合金　149
降水量（世界と日本）　79
合成ガス　141
合成繊維　140
合成有機製品　143
高速増殖炉　133
耕地　77
幸福度　220
衡平＜公平＞の原則　174
高炉　148
コークス　140
国際化学工業協会協議会　213
枯渇性エネルギー　39, 97
黒体輻射エネルギー　59

索　引

黒点　62, 69
国民総生産　19, 205
国連環境計画　14
国連人間環境会議　14
コジェネレーション　104, 210
コストパフォーマンス　23, 202, 217
COP21　15
固定価格買い取り制度　116
ごみ　179
ごみ発電　181, 183
コリオリ力　49
コンバインドサイクル発電　210

サーマルリサイクル　183
再資源化技術　181, 182
最終処分場　181
再処理プロセス　132
再生可能エネルギー　39, 97, 115, 208
再生不可能エネルギー　97
最大仕事量　104
再利用　154, 182
材料資源　137
サトウキビ　124
砂漠化　78
産業革命　62
産業廃棄物　179
産業連関分析　43
三元触媒　192
酸性雨　52
酸素センサー　192

GSC　157
GC　157
GCの12原則　159
GDP　9, 19, 205
シェルドン　158
シェールオイル　111
シェールガス　111
時間軸　28, 219
しきい値　171
資源消費度　163
資源生産性　138
自主管理　174, 177
システム境界　42
次世代自動車　211
自然共生型GSC　166
自然循環　17
自然派　61
自然保護　3
持続　17
持続可能社会　18
持続可能性　13
持続的開発　16
湿式触媒酸化　196
自動車触媒　187, 191
自動車排ガス　55
自排局　53
社会経済的対策（リサイクルの）　186
社会的合意形成　11
純一次生産　125
循環　17
循環型社会　18
省エネ　209, 213

生涯発がん確率　173
使用済み核燃料　132
小氷期　61, 66, 69
消防法　176
静脈産業　178
縄文海進　65
初期評価　176
触媒燃焼　197
食物連鎖　84
食糧問題　22, 88
飼料用穀物　88
人為派　60
新エネルギー　115
人口　6, 23, 86
人工（合成）物質　26
人口とエネルギー問題　89
人口と食糧問題　88
人口問題　86
人口論　23
「新」再生可能エネルギー　97
シンタリング（凝集）　193
深度脱硫　195
新聞・テレビ・ネットの見方　38
森林減少　85
森林の二酸化炭素固定化量　41

水質汚染　82
水蒸気改質　141
水蒸気の温室効果　69
水素　102
水素化脱硫　195

水素社会　102
水素爆弾　130
すす　193
スチームリフォーミング　141
スモッグ　54

生活関連触媒　197
生活圏　86
生活の質　177
生活用水　81
製造期間と耐用年数　29
成層圏　48
成長の限界　13, 15
製品のグリーン化　164
製品評価　38
生物圏　83
生物多様性　85
生物濃縮　84, 170
生物ピラミッド　84
製錬と精錬　147
世界人間環境会議　13
世界の人口　86
積雪面積　68
石炭　113, 140
石炭化学　140
石油　108, 138
石油脱硫触媒　188, 195
節エネ　209, 213
摂取量　167
絶対安全の原則　174
ゼロエネルギー住宅　35
ゼロリスク原則　174
全球凍結　7
全球平均反射率　59

選択還元法　189

総量削減　36
ソックス（SO_x）　52
損失余命　168

タ

ダイオキシン　167
大気　47
　──の運動　49
　──の構造　47
　──の組成　49
大気汚染物質　55
大気汚染防止法　175
大気中の二酸化炭素の濃度　68
大豆ミール　89
代替元素・材料　154
代替フロン　51
代表的濃度経路　70
台風の発生数　74
太陽エネルギー　18, 57
太陽光発電　118, 218
太陽定数　59
太陽電池　118
太陽熱温水器　120
太陽熱発電　120
耐用年数　30
太陽風　48
対流圏　47
淡水　79
炭素循環　18
断熱圧縮　47
断熱膨張　47

チ, ツ

地殻　75
地核　76
地下帯水層　79
地球・生物・人類の歴史　7
地球温暖化　14, 22, 56
　──緩和策　72, 220
　──適応策　72, 217, 220
地球温暖化係数　59
地球温暖化シミュレーション　60, 61
地球温暖化対策　199
地球温暖化防止条約　15
地球温暖化防止に関するパリ協定　199
地球環境問題　10, 14
地球サミット　15
地球システム　20
　──のエネルギー収支　20
地球の構造　75
地球平均気温　57
蓄電池　40
治水　166
窒素酸化物　54, 189
地熱発電　122
中間圏　48
中世温暖期　66, 69
潮汐（潮力）発電　136
積み上げ法　43

ディーゼル車　193
ディーゼル粒子フィルター　194

索　引　231

定常型社会　19
低炭素化率　205
デイリー　16
適応策　72, 217, 220
鉄鋼　148
鉄鉱石　148
電気自動車　35
電源構成　99, 208
天然ガス　110, 141
天然有機製品　143
電離層　48
電力　34, 40, 101
電力化率　101

動的な準平衡状態　20
動脈産業　178
トウモロコシ　124
等リスクの原則　174
毒劇法　176
特殊毒性　169
毒性、毒物　169
都市化現象　88
都市ガス　102
土壌　76
土壌劣化　78
土地生産性　77
ドライリフォーミング　141
トレードオフ関係　11, 159

中西準子　168
ナフサ　138
南方振動　51
南北問題　24

二酸化炭素削減コスト
　　211, 218
二酸化炭素濃度　68
二酸化炭素の累積排出量
　　30, 72
二酸化炭素排出削減策　204
　（日本）　206
二酸化炭素排出の削減技術
　のコスト　218
二酸化炭素排出量　21
　（家庭部門）　214
　（輸送部門）　211
　（世界と日本）　201, 202
　（一人当たり）　203
　（部門別）　209
二次エネルギー　39, 93, 100
人間中心主義　3

熱回収　183
熱圏　48
熱電併給　104, 210
熱力学第1法則　103
熱力学第2法則　103
燃費　191
燃料油　101

農地　77
ノックス（NO$_x$）　54

バーゼル条約　176

バーチャルウオーター　81
排煙脱硝　189
排煙脱硝プロセス　191
排煙脱硫　189
バイオエタノール　124, 126
バイオ化学品　143
バイオディーゼル　127
バイオハザード　167
バイオプラスチック　143
バイオマスエネルギー　123
　——の課題　127
バイオマス系資源　143
バイオマス燃料　21
バイオリファイナリー　145
排ガス　191
廃棄物　6, 25
　——の流れ　179
廃棄物処理　178
排出基準　174
廃炉問題　134
ハウス栽培　89
爆発限界　169
暴露解析　172
暴露マージン　170
暴露量　167
ハザード　167
ハザード管理　177
ハザード比　170, 172
発がん性　169
発がんポテンシー　173
発がんリスク　173
発電効率　104, 210
発電コスト　130, 218
発電容量（設備）　40
ハニカム　190

パリ協定　15, 199
波力発電　135
半数致死量　169, 170
汎用プラスチック　140

PM　54, 193
pn 接合　118
ヒートアイランド現象　57, 166
ヒートポンプ　210
光起電力　118
光触媒　197
非金属元素　146
非在来型石油・天然ガス　111
一人当たり国民所得　25
一人当たりの一次エネルギー供給量　25
氷河　64
氷河時代　7
氷期（氷河期）　7, 65
広井良典　19

ファインケミカルズ　139
風力発電　120, 218
不確実性係数　171, 177
福島原発事故　134
物質フロー　137, 179
沸騰水型原子炉　131
物理化学的危険性　168
部分と全体　34
浮遊粒子状物質　54
プラスチック　140, 184
　　——の再資源化　184
　　——のリサイクル　184
プルサーマル炉　133
プルトニウム　129
ブルントラント委員会　13, 16
プレートテクトニクス　76
フロン問題　14, 51
分離・精製プロセス　162

平均寿命　25
ペイバックタイム　30
ベストミックス　98
ヘッチヘッチ渓谷　4
ベネフィット（便益）　32
偏西風　49
ベンゼンの発がんリスク　173

法規制　174
放射強制力　21, 63
放射性廃棄物の処理　132
ボーキサイト　148
ポジティブ GSC　165
ホッケー・スティック曲線　66
ホメオスタシス　2
ホモ・サピエンス　8

埋蔵量ベース　146
膜分離　196, 198
マグマ　76
マテリアルリサイクル　183
マルサスの人口論　23
マントル層　75

水　22
　　——の需給　82
水資源　78
水資源賦存量　80
水処理技術　196
水ストレス　82
水分解による水素製造　120
緑の革命　77
水俣病　12
身の回りのリスク　33
未来シナリオ　203
未来予測（気候）　70
ミランコビッチ・サイクル　62
未利用エネルギー　136
民生部門　209, 213

無機系資源　150
無毒性量　170

メガ都市　88
メタノール化学　141
メタンハイドレート　111
メンブレンリアクター　198

モーター消費電力　210
モノリス触媒　190
モントリオール議定書　176

索　引

ヤ, ユ

焼き畑農業　85
Uターン　8
油脂　127

ヨ

良い環境　1
容器包装リサイクル法　182
溶鉱炉　148
溶媒　162
用量（dose）-反応
　　（response）曲線　171
四日市ぜんそく　12
四大公害訴訟　12

ラ

ライフサイクルアセスメント　28, 35, 42, 160
ライフサイクルのパフォーマンス　219
ラニーニャ現象　51

リ

リオ宣言　15
リサイクル　18, 26, 154, 163, 178, 182
　　——の社会経済的対策　186
リサイクル率　181
リスク　8, 31
リスク-ベネフィット間比較　32
リスク管理　171, 173, 177
リスクコミュニケーション　173
リスクゼロ　31
リスク評価　170
リスク便益の原則　174
リスク便益分析　174
粒子状物質　54, 193

レ, ロ, ワ

レアアース　152
レアメタル　152
労働安全衛生法　176
炉心　131
6界説　83
われらが共有の未来　13

数字, 欧文など

3R　182
ADI　170
ADME　169
BDF　127
CCS　208
Climategate事件　60
COP　15, 57
CRW　21
DDT　11
DPF　194
Eファクター　158
FIT　116
FMAE　127
GC　157
GCの12原則　159
GDP　9, 19, 205
GHS　176
GSC　157
GSCネットワーク　157
IAEA　131
ICCA　213
IEA　95
IPCC　15, 60
IPCC報告　60, 203
JCCCA　209
LCA　28, 35, 42
LD_{50}　169
LNG　111
LPG　102
MOX　133
MSDS　175
NOEL, NOAEL　170
NO_x　54, 189
OPEC　109
PM　54, 193
PM 2.5　54
pn接合　118
POPs条約　176
PRTR　175
QOL　177
RDF　184
REACH　176
Recycle　182
Reduce　182
REN21　116, 126
Reuse　182
RoHS指令　176
RPF　184
SCR　189
SDGs　15
SO_x　52, 189
TOE　94
UNEP　14
VOC　55
WMO　73

著者略歴

御園生　誠（みそのう　まこと）

　1939年生まれ．1961年東京大学工学部応用化学科卒業，1966年同大学院博士課程単位取得退学．同年工学博士．同年東京大学助手，その後講師，助教授を経て，1983年教授．1999年同退官，工学院大学教授，東京大学名誉教授．2005年（独）製品評価技術基盤機構理事長，2009年科学技術振興機構（現在，研究公正監）．その間，日本化学会会長，日本学術会議会員など歴任．

　主な編著書『触媒化学（第2版）』（丸善），『New Solids and Bases』（Kodansha-Elsevier），『化学環境学』（裳華房），『最新グリーンケミストリー』（講談社），『化学便覧応用化学編（第6版）』（丸善），『温暖化と資源問題の現実的解法』（丸善），『Heterogeneous Catalysis of Mixed Oxides. Perovskite and Heteropoly Catalysts』（Elsevier），他．

現代の化学環境学 ―環境の理解と改善のために―

2017年9月5日　第1版1刷発行

著作者	御園生　誠	
発行者	吉野　和浩	
発行所	東京都千代田区四番町 8-1	
	電話　03-3262-9166（代）	
	郵便番号　102-0081	
	株式会社　裳華房	
印刷所	三報社印刷株式会社	
製本所	牧製本印刷株式会社	

検印省略

定価はカバーに表示してあります．

社団法人
自然科学書協会会員

JCOPY　〈(社)出版者著作権管理機構 委託出版物〉
本書の無断複写は著作権法上での例外を除き禁じられています．複写される場合は，そのつど事前に，(社)出版者著作権管理機構（電話03-3513-6969，FAX 03-3513-6979, e-mail: info@jcopy.or.jp）の許諾を得てください．

ISBN 978-4-7853-3513-7

© 御園生　誠，2017　　Printed in Japan

化学環境学　［化学の指針シリーズ］

御園生　誠 著　Ａ５判／250頁／定価（本体2500円＋税）

　化学の視点から環境をとらえ，化学技術による環境の改善を目指す学術＝「化学環境学」を提示し概説した本邦初の初学者向け教科書．自然環境およびエネルギー，環境問題の現状から，化学物質のLCA，および化学技術がなしうる具体的な環境改善策と将来の展望を論じる．

【主要目次】
1. 化学環境学と現代の環境問題　2. 自然環境の現状　3. 資源・エネルギーの現状と将来　4. 環境問題と化学　5. ライフサイクルアセスメント（LCA）　6. 化学物質のリスク評価と管理　7. 環境化学技術　8. エネルギー・資源確保のための化学技術　9. グリーンケミストリー　10. 廃棄物処理とリサイクルの化学技術　11. 持続可能で豊かな社会へ向けて

環境化学　［化学新シリーズ］

小倉紀雄・一國雅巳 共著　Ａ５判／164頁／定価（本体2300円＋税）

　さまざまな環境問題の中で化学物質が中心的役割を演じている事例は非常に多く，化学的アプローチの重要性はますます増してきている．本書では，古典的な環境汚染のみならず，人類が現在直面する地球環境問題をも積極的にとり上げた．

【主要目次】
1. 序論　2. 環境中の物質移動　3. 大気　4. 水　5. 土壌　6. 生物圏　7. 地球温暖化　8. 酸性雨

人間環境学　－環境と福祉の接点－

遠山　益 著　Ｂ５判／184頁／定価（本体2800円＋税）

　21世紀の人間社会を支える主要な二つの課題――環境と福祉．本書は，自然環境と文化的環境・社会的環境とは有機的に関わっているとの観点から，福祉社会を構築するために必要な環境に関するさまざまな話題を提供する．

【主要目次】
第１編　人間環境学の基礎（環境とは／環境と福祉の接点－環境基本法と憲法－／公害対策基本法から環境基本法へ／衣環境／住環境／食環境－食品添加物と食品汚染物質－／人口と環境）　**第２編　環境汚染の発生と対策**（大気汚染／酸性雨／水環境の保全／土壌環境の現状と対策／騒音・振動・悪臭）　**第３編　近年の環境問題と人間生活**（地球の温暖化／フロンとオゾン層の破壊／森林の減少と砂漠化／放射線汚染／ダイオキシン／環境ホルモン／遺伝子組換え食品／廃棄物とリサイクル対策）

新バイオの扉　－未来を拓く生物工学の世界－

高木正道 監修／池田友久 編集代表　Ａ５判／270頁／定価（本体2600円＋税）

　本書は，バイオテクノロジーの分野をレッドバイオ（医療・健康のためのバイオ），グリーンバイオ（植物・食糧生産のためのバイオ），ホワイトバイオ（バイオ製品の工業生産），その他のバイオ，の四つに大きく分け，私たちの暮らしに役立っているバイオ技術の現状を，第一線の現場で活躍する日本技術士会生物工学部会の会員がわかりやすく解説する．

裳華房ホームページ　http://www.shokabo.co.jp/